浙江省普通本科高校"十四五"重点教材

地理信息系统实验指导书

汤孟平　编

中国林业出版社
China Forestry Publishing House

图书在版编目(CIP)数据

地理信息系统实验指导书／汤孟平编. —北京:中国林业出版社,2024.4
浙江省普通本科高校"十四五"重点教材
ISBN 978-7-5219-2695-8

Ⅰ.①地… Ⅱ.①汤… Ⅲ.①地理信息系统–实验–高等学校–教学参考
资料 Ⅳ.①P208.2–33

中国国家版本馆 CIP 数据核字(2024)第 089369 号

策划编辑：高红岩　王奕丹
责任编辑：高红岩　王奕丹
责任校对：苏　梅
封面设计：五色空间

出版发行　中国林业出版社
　　　　　(100009,北京市西城区刘海胡同 7 号,电话 83223120)
电子邮箱　cfphzbs@163.com
网　　址　www.cfph.net
印　　刷　北京中科印刷有限公司
版　　次　2024 年 4 月第 1 版
印　　次　2024 年 4 月第 1 次印刷
开　　本　710mm×1000mm　1/16
印　　张　7.5
字　　数　145 千字
定　　价　36.00 元

前　言

　　地理信息系统(geographical information system，GIS)是由计算机硬件、软件和不同的方法组成的系统，该系统支持空间数据的采集、管理、处理、分析、建模和显示，以便解决复杂的规划和管理问题。地理信息系统是介于信息科学、空间科学和管理科学的一门新兴交叉学科。目前，地理信息系统已成为分析和处理空间数据的通用技术，并广泛应用于资源调查、环境评估、区域发展规划等多个领域。在地理信息系统基本理论学习的基础上，通过地理信息系统实验，可以加深学生对地理信息系统基本概念、基本原理的理解，强化应用地理信息系统进行空间数据的采集与编辑、空间数据处理、空间数据分析技术和方法的掌握，并使学生能熟练操作常用地理信息系统软件。

　　《地理信息系统实验指导书》是林学国家级一流本科专业的选修课程地理信息系统的配套实验教材。该教材以亚热带森林为主要研究对象，紧密结合浙江省建设"美丽乡村"和践行绿水青山就是金山银山理念的新时代要求，以实现森林资源可持续发展为目标，合理设置实验内容，反映了新农科专业对地理信息系统技术应用的新要求：①把空间叠合分析应用于森林分类经营，符合我国最新《森林法》对森林实行分类经营的要求；②把缓冲区分析应用于求解亚热带顶极群落常绿阔叶林的郁闭度和树冠重叠度，体现地理信息系统技术应用的创新性和挑战性，为准确测量混交林的复杂结构因子提供新技术；③把网络分析应用于美丽乡村道路网的最短路径规划，为乡村开展森林经营、护林防火等提供了新方法；④把最近邻体分析应用于解析混交林林木空间分布格局，体现森林空间结构最新研究成果的应用，为优化调控森林空间结构和精准提升森林质量提供技术支持；⑤把空间数据查询分析应用于乡(镇)与全国的森林质量比较，以便找出差距，找到提高森林经营水平和森林质量的途径；⑥把专题地图应用于制作一个镇的森林覆盖率分布专题地图，可以比较各村的森林覆盖率，激励创先争优，增强创建生态省、打造"绿色浙江"的自信心和使命感。

本教材共分为 8 个实验，其特色与创新体现在 3 个方面。第一，面向林学一流专业。地理信息系统是重要的现代信息技术之一，教材内容设计面向林学国家级一流本科专业，以亚热带分布广泛、要素多样、结构复杂、时空多变的森林资源作为主要研究对象，具有专业针对性强、挑战度高的特点，反映了林业应用新技术的发展要求。第二，应用最新研究成果。教学紧密结合科研，以科研促进教学。利用围绕森林空间结构与功能研究主题的连续 4 个国家自然科学面上项目（30471390、30871963、31170595、31870617）和 2 个浙江省自然科学基金面上项目（Y305261、Y3080261）的最新研究成果，把调查数据、理论和技术创新应用于实验内容设计，体现在应用地理信息系统的空间缓冲区分析功能分析森林郁闭度和树冠重叠度、应用聚集指数和地理信息系统的邻近度分析功能分析林木空间分布格局等方面的实验。第三，服务国家战略需求。实验内容反映了"实施乡村振兴，建设美丽中国"战略需求，助力创建生态省、打造"绿色浙江"。

本教材遵循理论联系实际原则，集成编者多年教学和科研相互促进的研究成果。在软件应用、样地调查和课程建设等方面，丁丽霞副教授、陈永刚副教授、徐文兵教授、施拥军教授、王懿祥教授等提供了大力支持；在数据采集过程中得到了浙江天目山国家级自然保护区管理局的赵明水高级工程师和庞春梅工程师、杭州市临安区农业农村局国土绿化科陈炎根工程师等的鼎力相助。在此一并表示感谢！

由于作者水平所限和时间仓促，书中难免有不足或错误之处，敬请读者批评指正。

编　者

2023 年 12 月 15 日

目　录

实验一　地理数据采集与编辑

一、实验目的

地理数据采集是将纸质地图、遥感影像、外业观测数据等不同来源的数据进行处理，以便用于 GIS 空间分析。地理数据采集包括图形数据采集和属性数据采集。图形数据采集主要包括手扶跟踪矢量化和扫描跟踪矢量化；属性数据采集通常有键盘输入、光学字符识别技术、数字化或矢量化过程中人工编辑赋值等。

地理数据编辑是将采集后的数据进行检查、修改和组织成便于内部处理的形式的过程。地理数据编辑包括图形数据编辑和属性数据编辑。图形数据编辑包括新建、删除、修改图形要素等；属性数据编辑包括添加、修改、删除图形要素的属性数据。

本实验以扫描的杭州市临安区的地形图(部分)为数据源，文件命名为 linan. JPG。重点练习利用 GIS 软件，对地形图中的点状、线状和面状地物进行矢量化及其属性数据采集和编辑的方法。

二、实验内容与步骤

在地理数据采集之前，首先应对扫描地形图进行地理配准，然后对地物进行分层矢量化。可以把地形图中的水塔、公路和建筑物作为点、线和面 3 个层次进行分层矢量化，并输入相应的属性数据。在地理数据采集之后，可以根据需要对数据进行编辑处理。实验步骤包括地理配准和地形图矢量化。

(一)地理配准

地理配准是通过选择控制点，对扫描后的地形图进行坐标匹配和几何纠正。扫描得到的地图数据不包括空间参考信息，需要通过具有较高位置精度的控制点，将扫描地图数据匹配到用户指定的坐标系。配准地形图的方法如下：

（1）打开 ArcMap，在主菜单中，选择 Customize/Toolbars/Georeferencing，加载地理配准工具栏（Georeferencing 工具栏）（图 1-1）。

图 1-1　Georeferencing 工具栏

（2）单击 ✚【Add Data】按钮，加载扫描栅格地形图文件 linan.JPG（图 1-2）。此时，Georeferencing 工具栏的工具被激活。

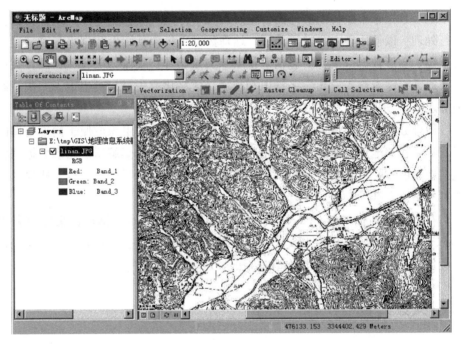

图 1-2　加载栅格地形图

（3）设置坐标系统。在主菜单中，选择 View/Data Frame Properties，打开 Data Frame Properties 对话框，选择 Coordinate System 标签，打开坐标系选项卡，选择坐标系统。这里，选择 Projected Coordinate Systems/Gauss Kruger/Beijing 1954/Beijing 1954 3 Degree GK CM 120E（图 1-3）。单击【确定】（注意：此处先输入控制点，再设置坐标系也可以）。

（4）在内容列表中，右击该图像，选择 Zoom to Layer，缩放至图层，全图显示该图像。再选择 Georeferencing 下拉列表中的 Fit to Display 选项。

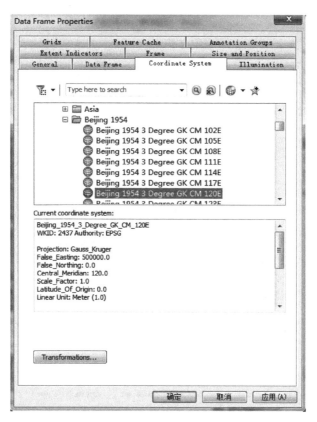

图1-3　选择坐标系统

（5）输入控制点。控制点是已知坐标的特殊点，如公里网格交点，这些点应当均匀分布。具体操作方法为：单击地理配准工具栏上的 ⤢【添加控制点】按钮。在地图上选取公里网格交点，单击鼠标左键，然后右击选择 Input X and Y，输入已知点的坐标（图1-4）。依次在图像上增加4个控制点。单击地理配准工具栏上的⊞【View Link Table】按钮，打开 Link Table 控制点列表（图1-5）。可以查看各点的残差与 RMS 总误差。Transformation 变换设置为 1st Order Polynomial（一次多项式）。

（6）在地理配准工具栏上，选择 Georeferencing/Update Georeferencing（更新地理配准），完成栅格图像的配准，此时的栅格图像变为真实的地理坐标。

（7）在 ArcCatalog 中，右击工作目录，选择 New/File Geodatabase，建立数据库 map. gdb。在地理配准工具栏上，选择 Georeferencing/Rectify（纠正），打开【Save As】对话框，选择输出路径，输入文件名，单击【Save】，完成更新后的栅格图像保存（图1-6）。

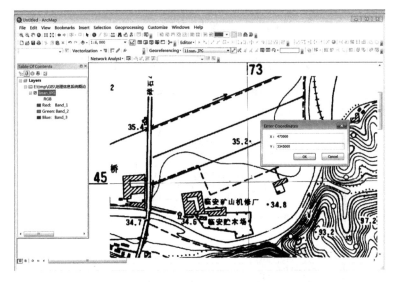

图 1-4　输入控制点坐标

	Link	X Source	Y Source	X Map	Y Map	Residual_x	Residual_y	Residual
☑	1	837.786947	-955.262036	473000.000...	3345000.00...	-0.210417	0.199518	0.28997
☑	2	3966.147542	-926.831459	475000.000...	3345000.00...	0.210249	-0.199359	0.289739
☑	3	3981.525261	-2515.928223	475000.000...	3344000.00...	-0.210161	0.199276	0.289617
☑	4	851.836933	-2543.103548	473000.000...	3344000.00...	0.210328	-0.199435	0.289848

Total RMS Error:　Forward:0.289794

☑ Auto Adjust

☐ Degrees Minutes Seconds

Transformation:　1st Order Polynomial (Affine)

Forward Residual Unit : Unknown

图 1-5　控制点列表

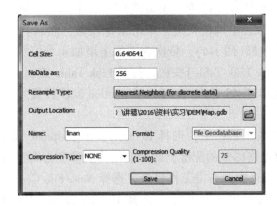

图 1-6　设置文件输出路径和名称

(二)地形图矢量化

1. 点状地物矢量化

建立水塔点图层,具体步骤为:

(1)启动 ArcCatalog,选择工作文件夹,右击工作文件夹,在弹出的快捷菜单中,选择 New/Shapefile。在弹出的对话框中,设置 Name 为 tower,Feature Type 为 Point。单击【Edit】,选择 Beijing_1954 坐标系,单击【OK】,建立了文件 tower. shp,用于存放水塔点数据(图 1-7)。右击 tower. shp,在弹出的对话框中,设置 Field Name 为 Name,Data Type 为 Text,用于存放水塔名称(图 1-8)。

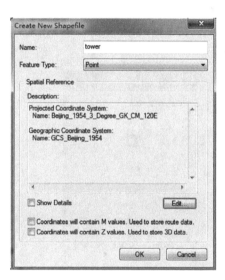

图 1-7　Create New Shapefile 对话框

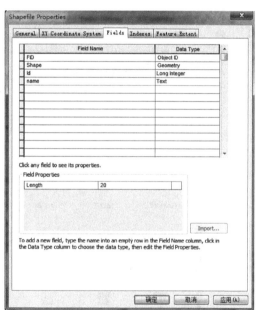

图 1-8　字段名称和类型

(2)单击工具栏 ✚【Add Data】按钮,加载配准的地图 linan. jpg。再加载水塔点图层 tower. shp。

(3)单击 Editor/Start Editing。选择 Create Features 窗口中的 tower。

(4)单击 Table of Content 表中 tower 的默认符号 ✿,弹出 Symbol Selector 对话框(图 1-9)。单击【Style References】,在对话框中选择 Public Signs,单击【OK】(图 1-10)。返回 Symbol Selector 对话框,选择 Water Transportation 符号,单击【OK】(图 1-11)。

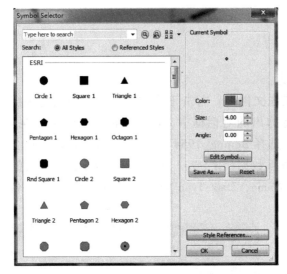

图 1-9　选择点符号对话框

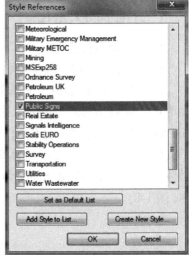

图 1-10　Style References 对话框

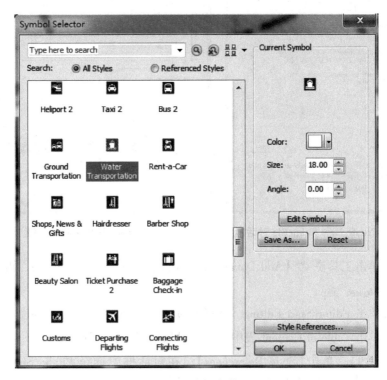

图 1-11　选择点符号

（5）单击 Create Features 面板中的 tower，鼠标在地图窗口中移动，找到水塔 🏯 位置（图 1-12），单击鼠标左键，绘制水塔点符号（图 1-13）。如此，找出并确定所有水塔符号。

（6）在 Table of Contents 中，右击 tower.shp，选择 Open Attribute Table，打开属性表，在 name 字段相应行输入水塔名，如水塔 1（图 1-14）。最后，单击 Editor/Stop Editing，保存输入数据，结束图层编辑。

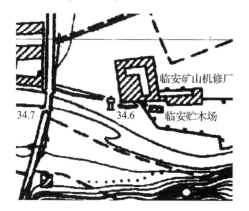

图 1-12　水塔位置

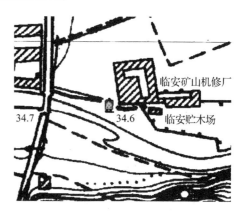

图 1-13　水塔符号

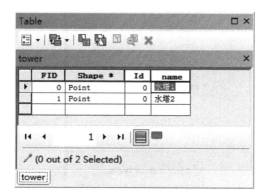

图 1-14　输入属性数据

2. 线状地物矢量化

（1）在 ArcCatalog 中建立线图层 road.shp，存放公路数据，类型为 Polyline。选择坐标系同 tower.shp（图 1-15）。右击 road.shp，在弹出的对话框中，设置 Field Name 为 name，Data Type 为 Text，用于存放公路名称（图 1-16）。

（2）单击工具栏 ✛【Add Data】按钮，加载公路图层 road.shp。

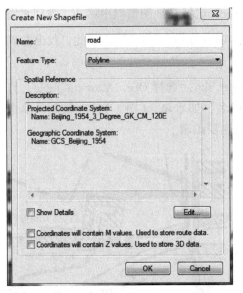

图 1-15 Create New Shapefile 对话框

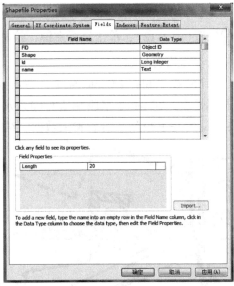

图 1-16 字段名和类型

（3）单击 Editor/Start Editing。选择 Create Features 面板上边窗口中的 road 以及图 1-17 窗口中的 Line 直线。

图 1-17 选择 road 图层和 Line 工具

（4）鼠标在地图窗口中移动，连续单击鼠标左键，跟踪道路中心线，至终点双击结束（图 1-18）。鼠标左键单击 Table of Contents 中 Road 的符号线，弹出

Symbol Selector 对话框。单击【Style References】,选择 Transportation 类型,并选择一种线形,如 A10(图 1-19),得到矢量化后的道路(图 1-20)。

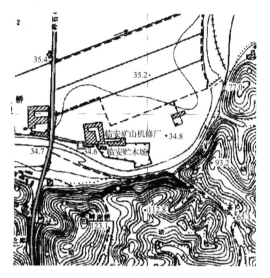

图 1-18 绘制公路中心线

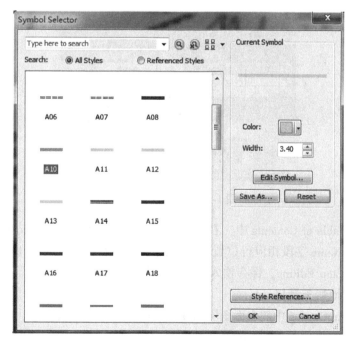

图 1-19 选择线形符号

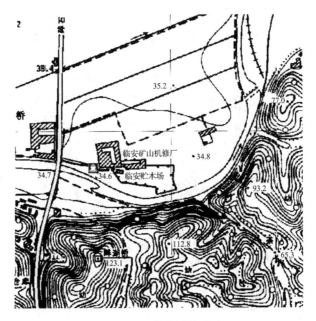

图 1-20　矢量化后的道路

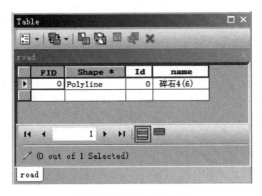

图 1-21　输入属性数据

　　(5)在 Table of Contents 中，右击 road. shp，选择 Open Attribute Table，打开属性表，在 Name 字段相应行位置输入道路名，如碎石 4(6)(图 1-21)。最后，单击 Editor/Stop Editing，保存输入数据，结束图层编辑。

　　3. 面状地物矢量化

　　(1)在 ArcCatalog 中建立面图层 building. shp，存放建筑物数据，类型为 Polygon。选择坐标系同 tower. shp(图 1-22)。右击 building. shp，在弹出的对话框中，设置 Field Name 为 name，Data Type 为 Text，用于存放建筑物名称(图 1-23)。

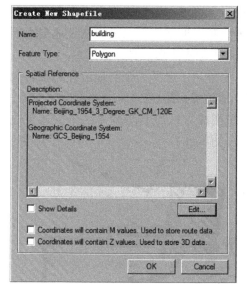

图1-22　图层名称与坐标系

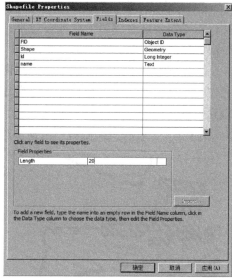

图1-23　字段名称与类型

（2）单击工具栏 【Add Data】按钮，加载建筑物图层 building. shp。

（3）单击 Editor/Start Editing。选择 Create Features 面板上边窗口中的 building 以及图 1-24 窗口中的 Polygon 多边形。

图1-24　选择 building 图层和 Polygon 工具

（4）以图中"临安矿山机修厂"为例绘制多边形，该厂内部有两个空地。因此，需要先分别绘制两个空地多边形；再绘制占地多边形；最后从占地多边形中裁剪掉两个空地，剩下部分就是该厂实际占地多边形。具体操作为：

①分别绘制多边形　鼠标在地图窗口中移动，选择一个空地边界的某转角点作为起点，连续单击鼠标左键，跟踪空地边界（图1-25），至终点双击结束，得到矢量化后的空地多边形（图1-26）。按同样方法绘制得到另一个空地多边形（图1-27）。最后，绘制该厂占地多边形（图1-28）。

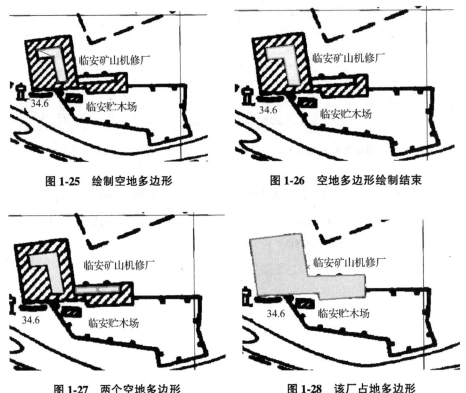

图1-25　绘制空地多边形　　　　　图1-26　空地多边形绘制结束

图1-27　两个空地多边形　　　　　图1-28　该厂占地多边形

②合并多边形　单击编辑工具 ▶，选择一个空地多边形，按住【Shift】键，再选择另一个空地多边形（图1-29）。单击 Editor 工具下拉箭头，选择 Union（合并），合并所选择的两个多边形。在弹出的对话框中，单击【OK】。

③裁剪多边形　单击 Editor 工具下拉箭头，选择 Clip（裁剪），在弹出对话框中，选择 Discard the area that intersects（放弃重叠区域），单击【OK】（图1-30）。单击编辑工具 ▶，选择并删除两个空地多边形，得到该厂实际占地多边形（图1-31）。

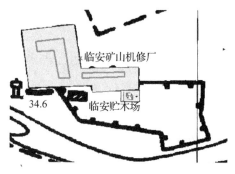

图1-29 选择两个空地多边形

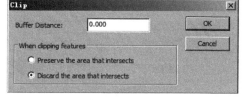

图1-30 Clip 对话框

图1-31 该厂实际占地多边形

④在 Table of Contents 中，右击 building. shp，选择 Open Attribute Table，打开属性表，在 name 字段相应行输入建筑物名称，如临安矿山机修厂(图1-32)。最后，单击 Editor/Stop Editing，保存输入数据，结束图层编辑。

⑤绘制相邻多边形 临安矿山机修厂与临安贮木场相邻。选择 Create Features 面板下面 Construction Tools 中的 Auto Complete Polygon 工具(图1-33)。选择位于现有相邻多边形内部的一点作为起点，单击并移动鼠标，跟踪多边形边界，在特征点处单击，终点也要位于现有相邻多边形内部(图1-34)。双击结束相邻多边形绘制。右击 building，选择 Open Attribute Table，输入多边形属性数据(图1-35)。单击 Editor 工具下拉箭头，选择 Stop Editing，保存并结束多边形绘制。

图 1-32 输入属性数据

图 1-33 Auto Complete Polygon 工具

三、实验报告

撰写实验报告，内容包括：①实验题目；②班级、姓名、学号；③实验目的；④实验步骤；⑤实验总结与体会。

图 1-34　起点和终点均位于现有相邻多边形内部

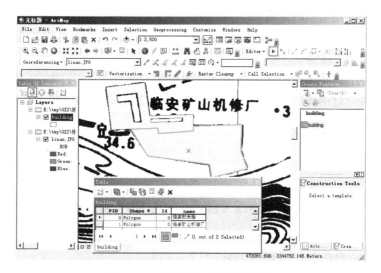

图 1-35　相邻多边形及属性数据

实验二　数字地形模型分析

一、实验目的

数字地形模型（digital terrain model，DTM）是用数字化的形式表达的地形信息（黄杏元和马劲松，2008）。DTM 的表示形式主要有：规则格网、不规则三角网（triangulated irregular network，TIN）和数字化等高线 3 种。DTM 表达的地面属性可以是海拔、地价等。当 DTM 的地面属性为海拔时称为数字高程模型（digital elevation model，DEM）。在实际应用中，通常把 3 种表示形式结合起来使用。首先，把地形图的等高线矢量化为数字化等高线；然后，在此基础上生成TIN；最后，把 TIN 转变为规则格网 DEM，规则格网 DEM 可用于提取地形因子，如坡向、坡度等。

本实验以杭州市临安区的地形图为数据源，文件名 linan.JPG，重点练习利用 GIS 软件对地形图等高线进行矢量化，创建 TIN 和 DEM，再通过 DEM 提取坡向和坡度的方法。

二、实验内容与步骤

实验内容包括地形图等高线矢量化、创建 TIN、创建规则格网 DEM、坡向和坡度分析。

(一)地形图等高线矢量化

包括 3 个步骤：①在 ArcCatalog 中建一个矢量文件，保存等高线数据；②启动 Customize/Extension/Spatial Analyst 扩展工具，利用 Spatial Analyst Tools/Reclass/Reclassify 进行地形图二值化；③启动 Customize/Extension/ArcScan 扩展工具，利用 ArcScan 进行矢量化。具体步骤如下。

1. 创建等高线矢量文件

启动 ArcCatalog。右击工作目录，选择 New/Shapefile。在弹出的对话框中，输入文件名 contour，要素类型为 Polyline。单击【Edit】，选择坐标系 Beijing_

1954 坐标系(图 2-1)。完成创建存放等高线文件 contour. shp。右击文件 con-
tour. shp，选择 Properties 属性，在弹出对话框中，输入高程字段名为 elevation，
类型为 Float。单击【确定】(图 2-2)。

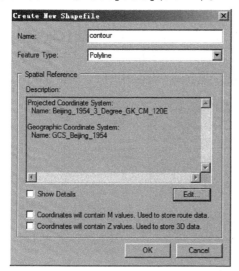
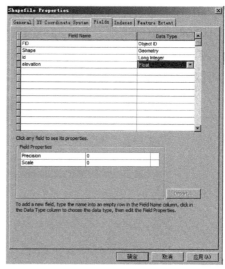

图 2-1　创建等高线矢量文件　　　　　　图 2-2　高程字段名和类型

2. 地形图二值化

(1)加载栅格地图：将实验一中配准的栅格地图 linan 加载到 ArcMap 中(图 2-3)。

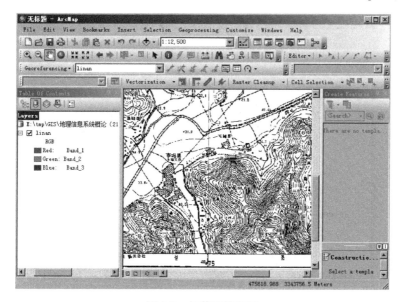

图 2-3　加载栅格地图

17

(2)重分类：即选择合适的阈值，将灰度图像分为仅有0和1属性值的二值图像。首先，在ArcCatalog中，右击工作目录，选择New/File Geodatabase（或New Personal Geodatabase.mdb），建立数据库reclass.gdb（或reclass.mdb）。然后，在ArcMap中，加载Spatial Analyst Tools工具条，选择Reclass/Reclassify，打开Reclassify对话框。在Input raster中，选择linan（图2-4）。单击【Classify】按钮，打开Classification对话框，在Classes中输入2。在Break Values中输入128。单击【OK】（图2-5）。返回Reclassify对话框。把New values中的1、2改为0、1。

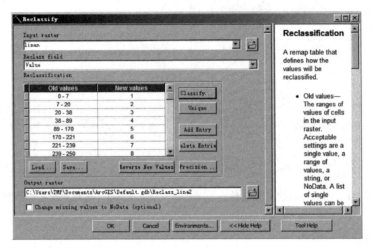

图2-4　Reclassify 对话框

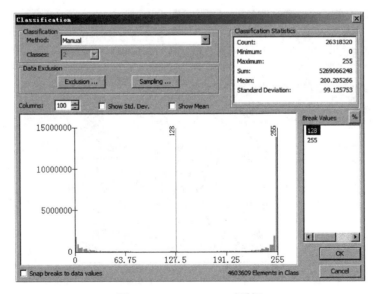

图2-5　Classification 对话框

在 Output raster 中输入输出路径(图 2-6)。单击【OK】，得到彩色二值图像(图 2-7)。单击【图例】，并调整 0、1 对应于黑、白二值图像(图 2-8)。

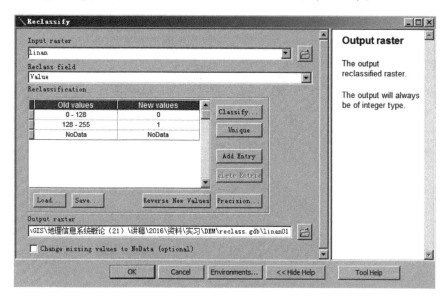

图 2-6　返回 Reclassify 对话框

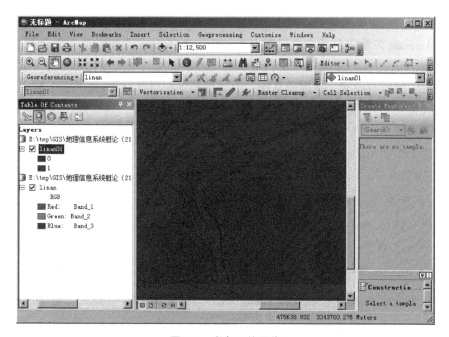

图 2-7　彩色二值图像

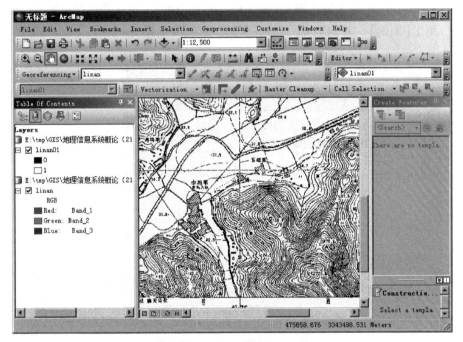

图2-8　黑白二值图像

3. ArcScan 矢量化

ArcScan 矢量化包括全自动矢量化（generate features）和半自动矢量化（vectorization trace、vectorization trace between points）。全自动矢量化是自动矢量化栅格图层中的所有要素，速度非常快。但后续删除非目标对象（如文字、数字、符号等矢量化线）的处理工作量较大。因此，实际应用中，通常采用半自动矢量化，下面重点介绍半自动矢量化的方法。

（1）启动 ArcScan：在 ArcMap 菜单中，选择 Customize/Extensions/ArcScan，启动 ArcScan 功能。

（2）加载等高线图层文件：在 ArcMap 中，单击 ✛【Add Data】，加载等高线图层文件 contour. shp。单击 Editor 工具下拉按钮，选择【Start Editing】。

（3）半自动矢量化：在启动 ArcScan 功能后，显示 ArcScan 工具条 Vectorization ▾ ⬚ 📑 ✎。其中：⬚ 是全自动矢量化，📑 和 ✎ 是半自动矢量化。半自动矢量化包括 📑 Vectorization Trace 和 ✎ Vectorization Trace Between Points 两种方法。

① 📑 Vectorization Trace 矢量化跟踪　跟踪矢量化两点间栅格线，并可自

动延长跟踪连续相邻栅格线。单击栅格线起点，然后沿着栅格线移动鼠标至下一个任意栅格点单击，自动跟踪两个栅格点之间连续相邻栅格，直至遇到不能继续跟踪的栅格点为止，双击可结束跟踪栅格线。如果跟踪过程中出现空白栅格或栅格线交叉时，则自动停止跟踪，可以采取两种处理方法：

a. 方法一。按【Esc】键，暂停跟踪（图 2-9）。跨过空白处，单击下一个需要跟踪的栅格线段起点，继续跟踪栅格线段至其终点。矢量化线段将自动与前面的矢量化线段连接在一起（图 2-10）。如此，直到整个栅格线段终点，双击结束跟踪，或右击选【Finish Sketch】，又或按 F2 键结束跟踪，得到完整矢量化线段（图 2-11）。

b. 方法二。双击结束本线段的跟踪。跨过空白处，继续跟踪。空白处需要用 Editor 工具中的直线段（Straight Segment）工具 绘制线段（注意先选择 Create Features/Construction Tools 中的 Line）。然后，选择需要连接的各线段，再选择 Editor/Merge，合并形成一条完整线段。

当用以上两种方法进行栅格线的矢量化时，如果希望放弃或恢复刚才矢量化的那个线段，只需单击 （Undo Raster Trace）或 （Redo Raster Trace）即可。放弃与恢复可以进行多步操作。

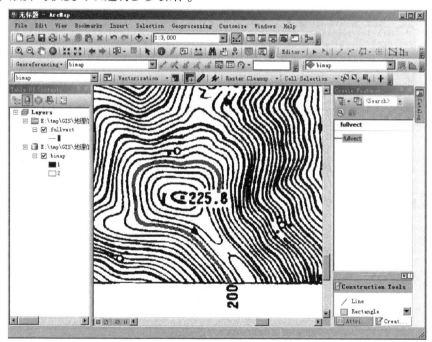

图 2-9 在空白处按 Esc 键暂停跟踪

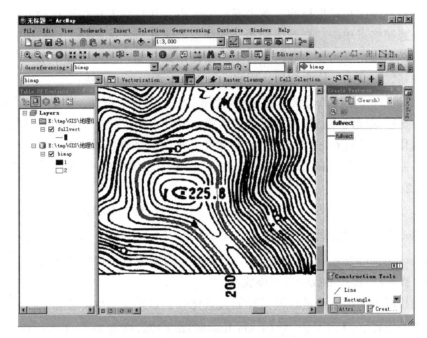

图 2-10　跨过空白处继续跟踪栅格线

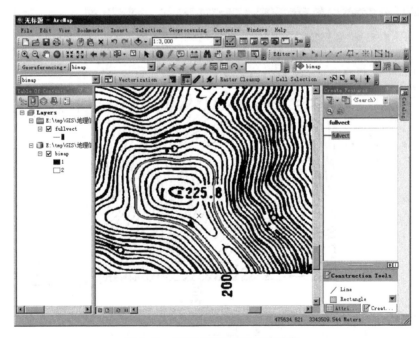

图 2-11　最后形成完整矢量化线段

②✐（Vectorization Trace Between Points）两点间矢量化跟踪　功能与 Vectorization Trace 基本相同。不同之处是，两点间矢量化跟踪只跟踪单击两点之间的线段。但可以单击跟踪多个点，实现连续矢量化两点之间的线段，并自动连接形成一个线段。而 Vectorization Trace 则可自动跟踪至两点之后的连续栅格，直到空白栅格点结束跟踪。

✐（Vectorization Trace Between Points）矢量化和 ⊞（Vectorization Trace）矢量化的区别在于：⊞（Vectorization Trace）矢量化跟踪方法效率较高（对较长的开曲线，建议采用），但可能出现跟踪错误，需要进行错误纠正；✐（Vectorization Trace Between Points）两点间矢量化跟踪方法的效率较低，但一般不会出现错误跟踪（对较短的闭曲线，建议采用）。实际应用中，可以将二者结合起来使用。

（4）错误跟踪处理：用 ArcScan 进行栅格线的矢量化时，可能遇到多条栅格线紧密相邻而难以区别的情形，这时自动跟踪矢量化可能会出现错误跟踪，此时可以不必考虑错误，继续跟踪操作。当跟踪结束时，返回出错处，选择出现错误跟踪的线段。用 Editor 工具条中的 Edit Vertices 编辑顶点工具 ⊡ 进行修改，可以进行查看、选择、移动、删除顶点操作。具体操作如下：

①单击 Editor 编辑工具栏的编辑工具 ▶，选择需要编辑的对象（图 2-12）。

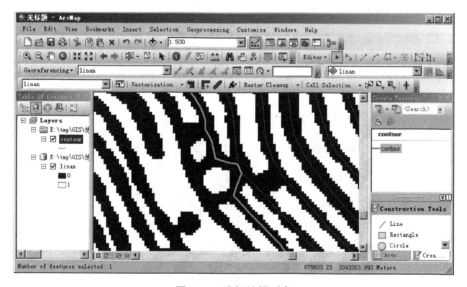

图 2-12　选择编辑对象

②单击编辑工具 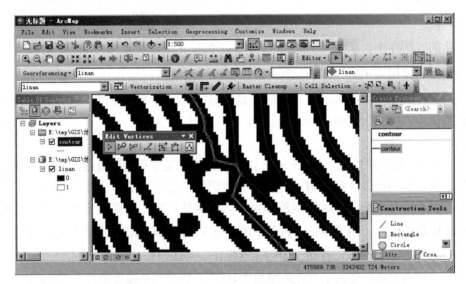（Edit Vertices）编辑顶点，显示编辑对象各顶点（选择对象后，双击对象，也可显示各顶点）。同时，弹出 Edit Vertices 编辑顶点工具栏，从左到右依次是选择和移动顶点、增加顶点、删除顶点、延伸对象、整体移动、完成当前编辑（或双击）和查看顶点坐标（图 2-13）。

③利用移动、删除等操作，修改顶点（图 2-14）。

图 2-13　编辑顶点工具栏与编辑对象各顶点

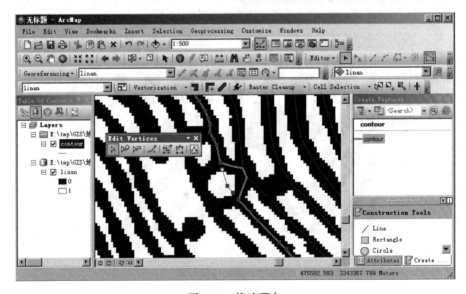

图 2-14　修改顶点

④单击 Edit Vertices 工具中的 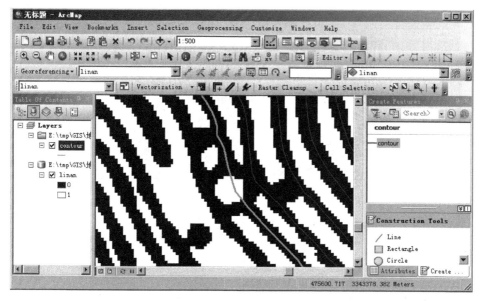（Finish Sketch），即可完成修改（图 2-15）。

图 2-15　完成修改

（5）属性数据输入：单击 Editor 工具栏中的 ▶（Edit Tool）编辑工具，选择一条已知高程的等高线（图 2-16）。再单击工具栏的下拉箭头，选择 Editing Windows/▦（Attributes）属性［或直接在工具栏单击 ▦（Attributes）属性按钮］。在弹出属性窗口中的 elevation 字段输入高程为 200（图 2-17）。通过已知高程等高线、高程点及地形趋势，推算并输入其他等高线的高程（图 2-18）。在 Table of Contents 中，右击等高线图层 Contour，选择【Open Attribute Table】，打开属性表，可以查看各等高线的高程。右击属性表 Id 字段，选择 Field Calculator 字段计算器。在弹出对话框中，输入［FID］+1（图 2-19）。单击【OK】，可查看等高线序号和高程（图 2-20）。单击 Editor 工具栏下拉按钮，选择【Stop Editing】，保存编辑结果，结束等高线图层编辑。

（二）创建 TIN

（1）在 ArcMap 中，加载等高线图层 contour.shp（图 2-21）。如果该图层已打开，则省略此步骤。

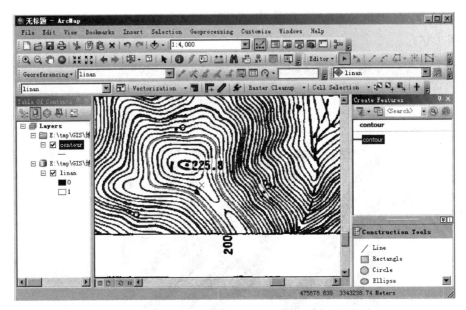

图 2-16 选择已知高程等高线

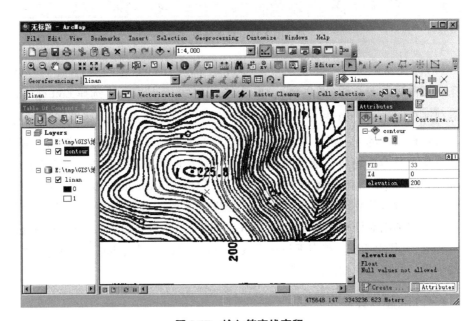

图 2-17 输入等高线高程

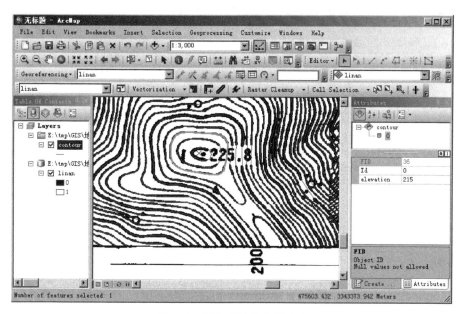

图 2-18　输入其他等高线高程

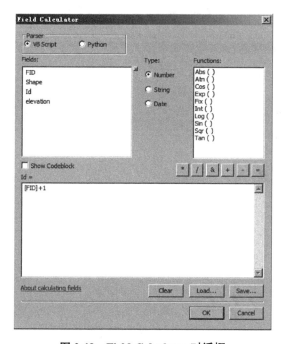

图 2-19　Field Calculator 对话框

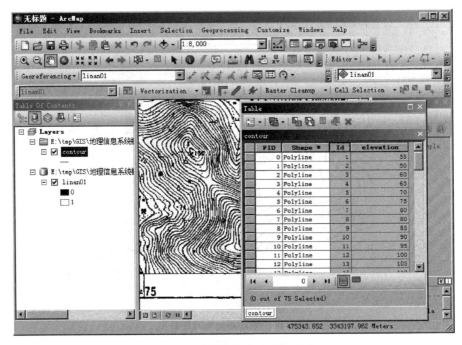

图 2-20　查看等高线序号和高程

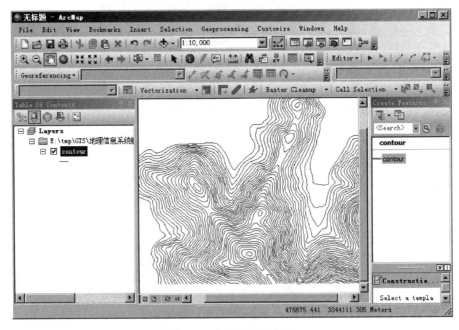

图 2-21　打开等高线图层

（2）启动 ArcToolbox 工具，选择 3D Analyst Tools/Data Management/TIN/Create TIN（图 2-22）。在 Create TIN 对话框中，输入 Output TIN 输出路径与文件名，选择坐标系。在 Input Feature Class（optional）中，选择 contour（图 2-23）。单击【OK】，得到创建的 TIN（图 2-24）。

图 2-22　Create TIN 工具

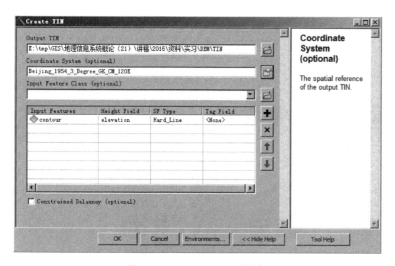

图 2-23　Create TIN 对话框

（3）关闭 contour 图层显示。双击 TIN 图例，在 Layer Properties 的 Symbol 页中，移除 Edge Types 中的线，调整 Elevation 中的 Color Ramp 色带，即可得到理想的 TIN 显示效果（图 2-25）。

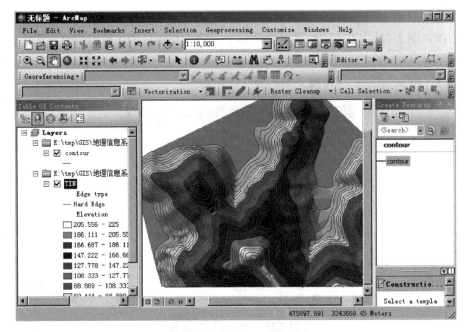

图 2-24   Create TIN 的结果

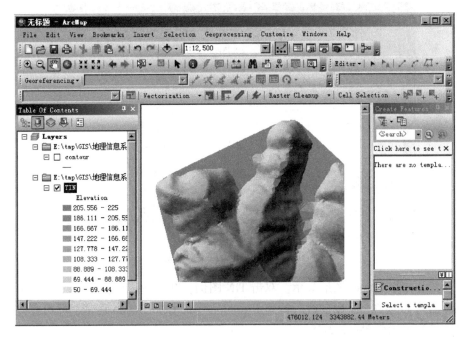

图 2-25   调整 TIN 显示效果

(三)创建规则格网 DEM

(1)在 ArcToolbox 工具中，选择 3D Analyst Tools/Conversion/From TIN/TIN to Raster(图 2-26)。

(2)在 TIN to Raster 对话框的 Input TIN 中选择 TIN。在 Output Raster 的默认数据库中，选择 DEM 的路径(图 2-27)。单击【OK】，得到创建的规则格网 DEM(图 2-28)。

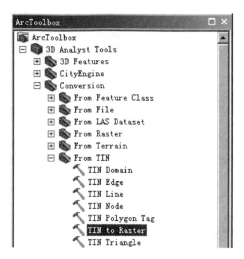

图 2-26　TIN to Raster 工具

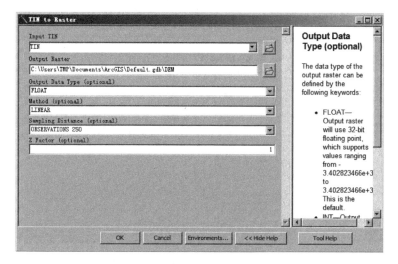

图 2-27　TIN to Raster 对话框

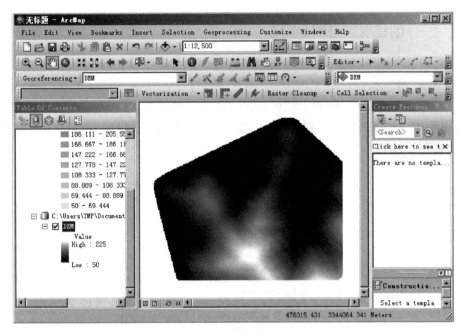

图 2-28　创建的规则网格 DEM

(四)坡向和坡度分析

1. 坡向分析

在 ArcToolbox 工具中，选择 Spatial Analyst Tools/Surface/Aspect（图 2-29）。弹出的 Aspect 分析对话框的 Input raster 栏中，选择 DEM（图 2-30）。单击【OK】，得到坡向分布图（图 2-31）。

图 2-29　Aspect 分析工具

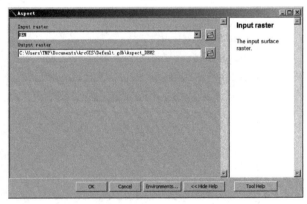

图 2-30　Aspect 分析对话框

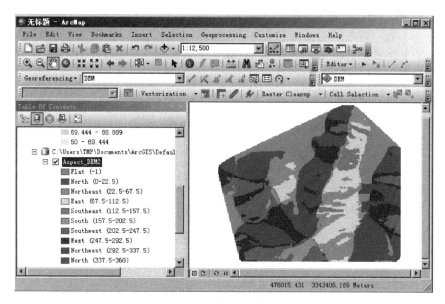

图 2-31 坡向分布图

2. 坡度分析

在 ArcToolbox 工具中，选择 Spatial Analyst Tools/Surface/Slope(图 2-32)。弹出的 Slope 分析对话框中的 Input raster 栏中，选择 DEM(图 2-33)。单击【OK】，得到坡度分布图(图 2-34)。

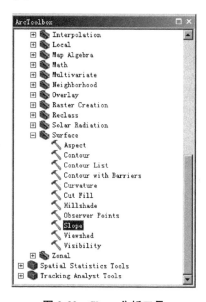

图 2-32 Slope 分析工具

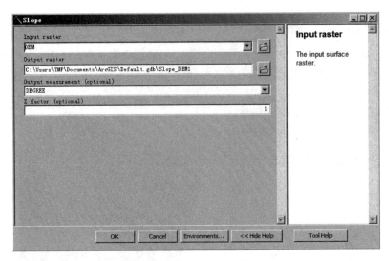

图 2-33 Slope 分析对话框

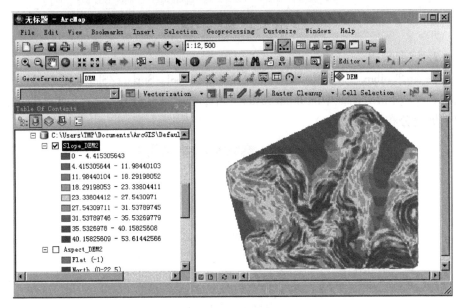

图 2-34 坡度分布图

三、实验报告

撰写实验报告，内容包括：①实验题目；②班级、姓名、学号；③实验目的；④实验步骤；⑤实验总结与体会。

实验三　空间叠合分析

一、实验目的

空间叠合分析是指在相同的空间坐标系统下，将同一地区两个不同地理特征的空间和属性数据重叠相加，以产生空间区域的多重属性特征，或建立地理对象之间的空间对应关系。根据数据结构，可以把空间叠合分析分为基于矢量数据的叠合分析和基于栅格数据的叠合分析。本实验的目的是掌握空间叠合分析的基本方法。

二、实验内容与步骤

实验内容包括基于矢量数据的叠合分析和基于栅格数据的叠合分析。

(一)基于矢量数据的叠合分析

基于矢量数据的叠合分析是指以矢量数据结构的空间数据进行叠合分析。基于矢量数据的叠合分析只限于两个空间特征数据，如点与多边形、线与多边形、多边形与多边形的叠合分析等。

1. 点与多边形叠合

点与多边形叠合是确定一个点状空间特征中的点落在另一个多边形空间特征中的哪一个多边形内，以便为每个点赋予新的多边形属性。

森林经理调查是以国有林业局(场)、自然保护区、森林公园等森林经营单位或县级行政区域为调查单位，以满足森林经营方案、总体设计、林业区划与规划设计需要而进行的森林资源调查，简称二类调查(亢新刚，2011)。二类调查的方法和技术包括 3 个部分：林班与小班区划、小班调查、调查总体蓄积量控制。林班(compartment)是为便于森林资源统计和经营管理，将调查单位的土地划分为许多个面积大小比较一致的基本单位。小班(subcompartment)是在林班内，根据土地状况和林学特征的差别而划分的不同地段中的林地地段。小班调查就是将各种林分调查因子落实到每个小班。小班调查是二类调查中工作量最大的一项工作。为了检验各小班汇总蓄积量是否达到精度要求，还需要采用系统抽样等方法进行调查总体蓄积量的抽样控制调查。

现已提供了某调查单位的 3 个矢量数据图层，包括林班(compartment. shp)、小班(subcompartment. shp)和样地(plot. shp)。林班(compartment. shp)是面状图层，记录了林班号；小班(subcompartment. shp)也是面状图层，记录了小班号；样地(plot. shp)是点状图层，记录了样地号。为便于开展系统抽样调查，需要知道是每个系统抽样样地位于哪个林班、哪个小班。可以采用点与多边形叠合分析解决这个问题。实质上，就是按照各图层对象之间的空间关系，把林班号、小班号传递给各样地。需要进行两次点与多边形的叠合分析。具体操作包括以下 3 步。

(1)加载图层：在 ArcMap 中，添加林班(compartment. shp)、小班(subcompartment. shp)和样地(plot. shp)3 个图层。可见，林班图层记录了林班号(图 3-1)，小班图层记录了小班号(图 3-2)，样地图层记录了样地号(图 3-3)。

(2)第一次叠合分析：第一次叠合分析是样地图层与林班图层的叠合。选择叠合分析工具 ArcToolbox/Analysis Tools/Overlay/Intersect。双击【Intersect】，

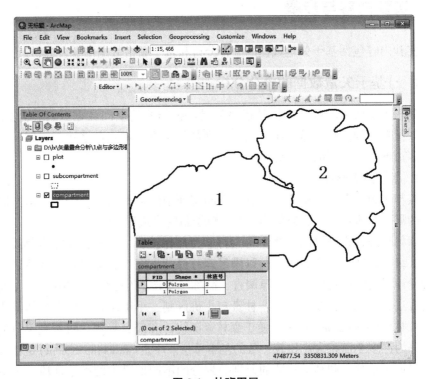

图 3-1　林班图层

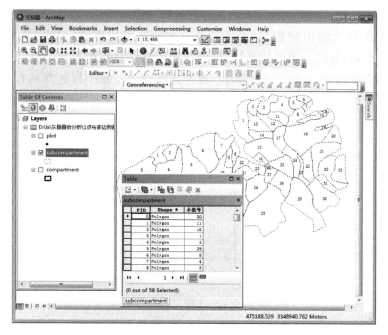

图 3-2　小班图层

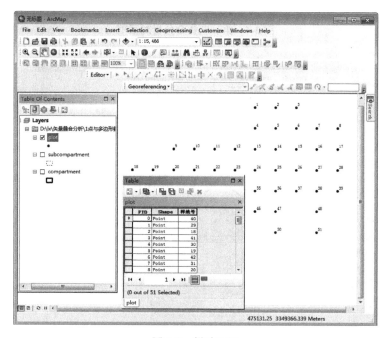

图 3-3　样地图层

在对话框中，输入特征(Input Features)选择样地图层(plot)和林班图层(compartment)(图3-4)。输出特征(Output Feature Class)可以默认。输出类型(Output Type)选择"POINT"。单击【OK】，得到样地图层与林班图层叠合结果，并产生一个新的点状图层：plot_ Intersect。查看其属性表，每个样地都具有样地号和林班号两种属性(图3-5)。

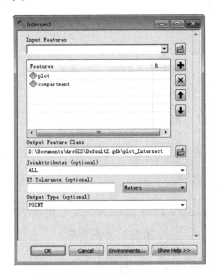

图 3-4　第一次叠合分析对话框

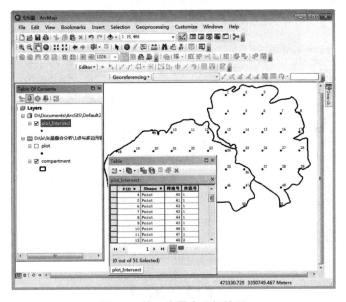

图 3-5　第一次叠合分析结果

（3）第二次叠合分析：第二次叠合分析是将第一次叠合的结果再与小班图层的叠合。再次选择叠合分析工具 ArcToolbox/Analysis Tools/Overlay/Intersect。双击【Intersect】，在对话框中，在输入特征（Input Features）栏选择图层（plot_Intersect）和小班图层（subcompartment）（图 3-6）。在输出特征（Output Feature Class）栏可以保持默认。在输出类型（Output Type）栏，选择"POINT"。单击【OK】，得到图层 plot_Intersect 和小班图层 subcompartment 的叠合结果，并产生一个新的点状图层：plot_Intersect_Intersect1。查看其属性表，每个样地都具有样地号、林班号和小班号 3 种属性，从而回答了每个系统抽样样地位于哪个林班、哪个小班的问题（图 3-7）。

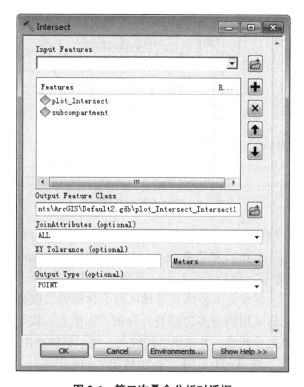

图 3-6　第二次叠合分析对话框

2. 线与多边形叠合

线与多边形叠合是通过确定一个线状空间特征中的线经过另一个多边形空间特征中的哪个多边形，以便为线赋予新的多边形属性。GIS 可通过计算线与多边形边界的交点，在交点处截断线，并对新产生的线重新编号，建立线与多边形的对应关系。

某林区为了促进社会、经济和生态协调发展，计划修建一条公路。该公路

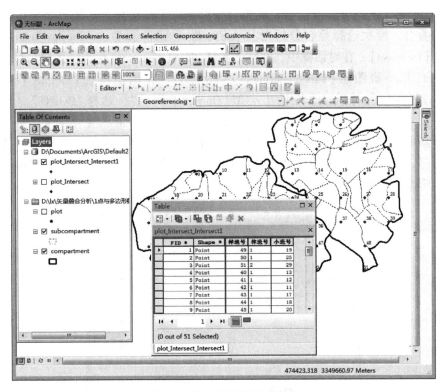

图 3-7　第二次叠合分析结果

将经过该林区的 1 号林班和 2 号林班。现已提供了该林区的两个矢量数据图层，包括林班（compartment. shp）和公路（road. shp）。林班（compartment. shp）是面状图层，记录了林班号；公路（road. shp）是线状图层，记录了公路长度（roadlength，单位为 m）。需求算该公路经过林区两个林班的长度分别是多少。为了回答这个问题，可以采用线与多边形叠合分析。实质上，就是求线与多边形边界的交点，在交点处截断线，并求出各段线的长度。具体操作包括以下 3 步：

（1）加载图层：在 ArcMap 中，添加林班（compartment. shp）图层和公路（road. shp）图层（图 3-8）。

（2）叠合分析：选择叠合分析工具 ArcToolbox/Analysis Tools/Overlay/Intersect。在对话框中，在输入特征（Input Features）栏，选择公路图层（road）和林班图层（compartment）；在输出特征（Output Feature Class）栏，可以保持默认。在输出类型（Output Type）栏，选择"LINE"（图 3-9）。单击【OK】，得到叠合分析的结果图层：road_ Intersect. shp，可见公路经过林区两个林班的部分已被分割为两段（图 3-10）。

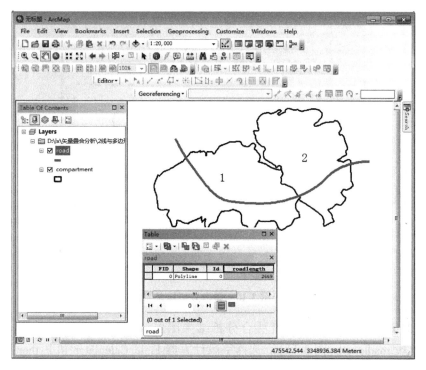

图3-8　添加林班图层和公路图层

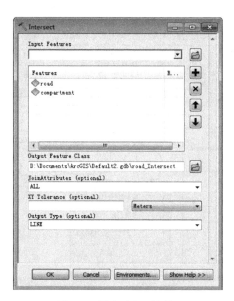

图3-9　叠合分析对话框

图 3-10　叠合分析结果

（3）计算各段长度：打开叠合分析结果图层 road_Intersect. shp 的属性表，
右击字段 roadlength（图 3-11）。选择字段计算器 Field Calculator 和 Python 语言，
在表达式中输入：roadlength = ! Shape. length@ meters!（图 3-12）。计算得到公
路经过 1 林班和 2 林班的长度分别为 1 500 m 和 697 m（图 3-13）。

图 3-11　打开结果图层 road_ Intersect 的属性表

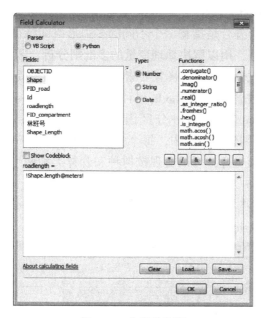

图 3-12　字段计算器

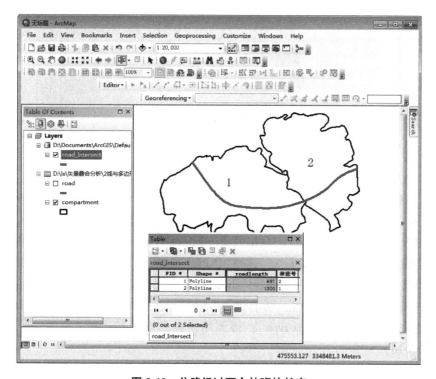

图 3-13　公路经过两个林班的长度

3. 多边形与多边形叠合

多边形与多边形叠合是指将两个不同的多边形空间特征数据相重叠，产生新的多边形特征数据，用以解决地理变量的多准则分析、区域多重属性的分析、地理特征的动态变化分析，以及图幅要素更新、区域信息提取等问题。

已提供的矢量数据包括某林区的树种分区图层（species. shp）和森林类别分区图层（foresttype. shp）。在树种分区图层中，每个多边形只包含一个树种（treesp）；在森林类别分区图层中，每个多边形也只包含一个森林类别（type）。通过多边形与多边形叠合，可以实现按树种和森林类别两个因子进行重新分区的目的。

（1）加载图层：在 ArcMap 中，添加树种分区图层（species. shp）和森林类别分区图层（foresttype. shp）（图 3-14）。

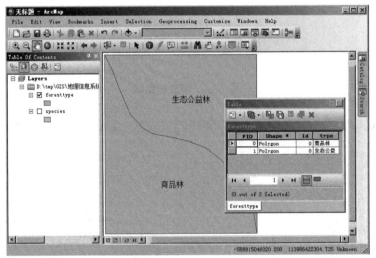

图 3-14 加载树种分区图层和森林类别分区图层

（2）叠合分析：选择叠合分析工具 ArcToolbox/Analysis Tools/Overlay/Intersect。在对话框中，输入特征（Input Features）栏选择树种分区图层（species）和森林类别分区图层（foresttype）。输出特征（Output Feature Class）栏，可以保持默认。在输出类型（Output Type），选择"INPUT"（图 3-15）。单击【OK】，得到叠合分析结果图层：species_Intersect1. shp，打开其属性表，可见每个多边形都具有树种和森林类别两种属性。再右击 species_Intersect1，选择 Properties/Labels，在表达式输入：[treesp] + [type]，得到用树种和森林类别标注的重新分区结果（图 3-16）。

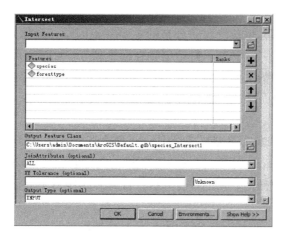

图 3-15　叠合分析对话框

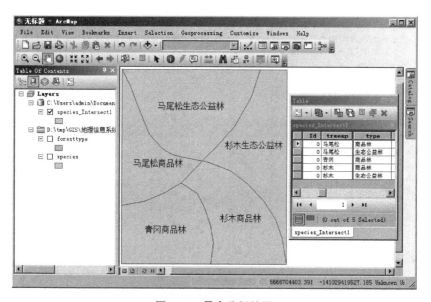

图 3-16　叠合分析结果

(二)基于栅格数据的叠合分析

基于栅格数据的叠合分析是指以栅格数据结构的空间数据进行叠合分析，可以是两个或多个相同地区、相同行列数、相同栅格单元大小的栅格数据参与分析，结果是一个新生成的栅格数据，其中每一个栅格的数值均由参与计算的原栅格数据计算得到，因此又称为地图代数。栅格叠合通过计算(数学运算、函数运算或统计运算)产生新的空间信息。

温度是影响森林生长发育和分布的主要气象因子。森林光合作用存在低温界限，针叶树种在-7~-5℃，阔叶树种在温度低于5℃时，光合作用就会停止。各类树种光合作用最适温度为25~30℃(包云轩，2007)。年温差是一年中最暖月平均气温与最冷月平均气温之差，它综合反映了低温和高温的变化范围，随纬度降低而减小。

根据已提供的 2020 年浙江省各县、市最冷月 1 月平均气温(meant1)和最暖月 8 月平均气温(meant8)数据(county. shp)。为了解全省 2020 年的年温差分布情况，可采用基于栅格数据的叠合分析，计算并制作当年全省的年温差分布图。

1. 加载数据

在 ArcMap 中，添加浙江省各县、市 1 月平均气温(meant1)和 8 月平均气温(meant8)数据图层(county. shp)和省界图层(boundary. shp)(图 3-17)。

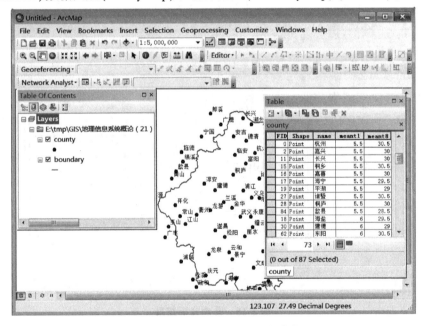

图 3-17　加载平均气温数据图层和省界图层

2. 插值生成 1 月平均气温和 8 月平均气温栅格图层

选择插值工具 ArcToolbox/Spatial Analyst Tools/Interpolation/IDW(反距离加权法)，在 IDW 对话框中的输入点图层(Input point features)栏，选择平均气温数据图层(county)，在 Z 值字段(Z value field)中，选择 meant1(1 月平均气温)，在输出栅格文件(Output raster)栏，输入 Idw_meant1 或默认，设置输出栅格大

小(Output cell size),如 0.02(图 3-18)。单击【OK】,生成 1 月平均气温分布图 Idw_meant1(图 3-19)。同理,按以上步骤,注意 Z 值字段(Z value field)选择 meant8(8 月平均气温),结果生成 8 月平均气温分布图 Idw_ meant8(图 3-20)。

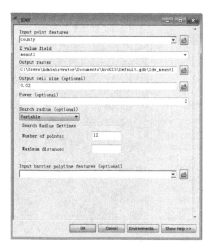

图 3-18 IDW 对话框

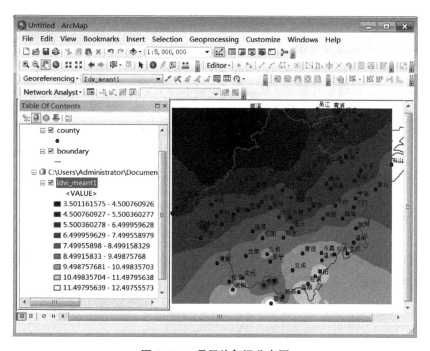

图 3-19 1 月平均气温分布图

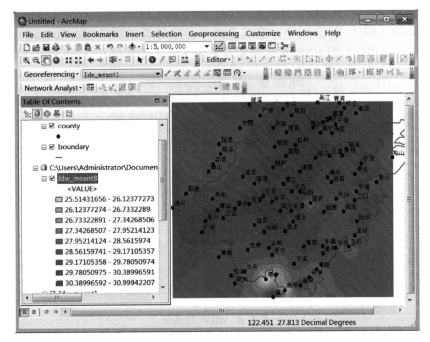

图 3-20　8 月平均气温分布图

3. 2020 年温差分布图

选择地图代数（Map Algebra）分析工具 Spatial Analyst Tools/Map Algebra/Raster Calculator，在栅格计算器（Raster Calculator）对话框中，通过双击图层名称【Idw_meant8】和【Idw_meant1】，中间用减号连接，输入表达式："Idw_meant8"－"Idw_meant1"，输出栅格文件名（Output raster）设置为 difference18（图3-21）。单击【OK】，得到全省 2020 年温差分布图，可见浙江省 2020 年温差呈现由北向南随纬度降低逐渐减小的趋势（图 3-22）。

三、实验报告

撰写实验报告，内容包括：①实验题目；②班级、姓名、学号；③实验目的；④实验步骤；⑤实验总结与体会。

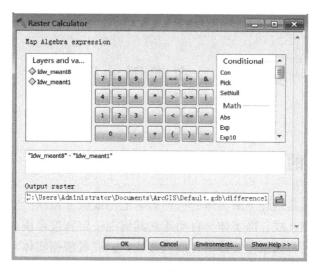

图 3-21 栅格计算器对话框

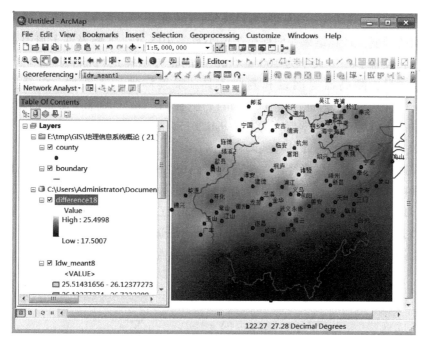

图 3-22 全省 2020 年温差分布图

实验四　空间缓冲区分析

一、实验目的

　　空间缓冲区是地理空间实体的一种影响范围或服务范围。空间缓冲区分析是围绕空间的点、线、面实体，自动建立其周围一定宽度范围内的多边形。空间缓冲区的半径可以根据实体的性质直接确定，或者根据实体对其邻近实体的影响性质的不同，采用不同的模型计算确定。本实验的目的是掌握空间缓冲区分析的基本方法。

　　郁闭度（canopy cover）是指林冠投影面积与林地面积之比，它反映了树冠遮蔽地面的程度，计算结果一般保留 2 位小数。2015 年，实验者在天目山常绿阔叶林中，设置了一个大小为 100 m×100 m 的正方形样地（plot）。应用全站仪、围尺、皮尺、测高器等测量和测树工具，采集样地调查数据，包括：树号（SH）、树种（SZ）、坐标（X、Y、Z/m）、胸径（D/cm）、树高（H/m）和冠幅半径（R/m）。样地调查数据保存为文件 data2015. xls。

　　本实验采用常绿阔叶林样地调查数据。首先，利用 GIS 的缓冲区分析功能，以冠幅半径作为缓冲区半径建立树冠投影图层。然后，利用 Clip（裁剪）工具生成样地内林冠投影图层，并计算样地内林冠投影面积，按式（4-1）计算郁闭度。最后，用擦除法（Erase 工具）或用裁剪法（Clip 工具）求得样地内树冠投影总面积，按式（4-2）计算树冠重叠度（tree crowns overlap）。

　　郁闭度和树冠重叠度的计算公式（叶鹏和汤孟平，2021）：

$$郁闭度 = \frac{A_{canopy}}{A_{plot}} \tag{4-1}$$

$$树冠重叠度 = \left(\frac{\sum\limits_{i=1}^{n} A_{i\,crown} - A_{canopy}}{A_{canopy}}\right) \times 100\% = \left(\frac{\sum\limits_{i=1}^{n} A_{i\,crown}}{A_{canopy}} - 1\right) \times 100\% \tag{4-2}$$

　　式中，$A_{i\,crown}$ 为第 i 株树在样地内树冠投影面积（m²）；$\sum\limits_{i=1}^{n} A_{i\,crown}$ 为样地内树冠投

影总面积(m^2)，它等于树冠投影总面积与样地外树冠投影总面积的差；A_{canopy}为样地内林冠投影面积(m^2)；A_{plot}为样地面积(m^2)；n为样地内树木株数。

二、实验内容与步骤

实验内容包括建立样地面状图层、建立树冠投影图层、建立林冠投影图层、计算郁闭度和树冠重叠度。

(一)建立样地面状图层

1. 建立样地边界面状图层文件

在ArcCatalog中，右击工作目录，在弹出快捷菜单中，选择New/Shapefile。在Create New Shapefile对话中，输入文件名"boundary"，类型选Polygon(图4-1)。单击【OK】，创建样地边界面状图层文件boundary. shp。

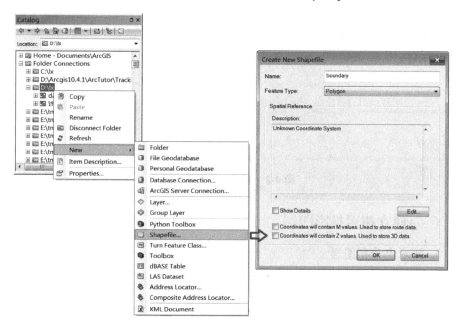

图4-1 Create New Shapefile 对话框

2. 编辑样地面状图层

在ArcMap中，单击按钮 ✛【Add Data】，加载样地边界面状图层文件boundary. shp(如果已自动加载文件 boundary. shp，则无须此步操作)。右击

【Layers】，选择 Properties/General/Units/Map：Meters，Display：Meters，单击【确定】。单击【Editor】下拉按钮，选择开始编辑【Start Editing】。再单击【Editor】下拉按钮，选择 Editing Windows/Create Features，打开 Create Features 窗口，单击【boundary】，选择矩形工具 Rectangle。在 boundary 图层绘制一个 Rectangle 矩形。选择矩形，单击工具编辑顶点(Editor Vertices)和草图属性(Sketch Properties)，输入正方形顶点坐标，建立正方形样地(图 4-2)。如果正方形不可见，可以打开属性表，双击属性表中的记录行，或右击记录行，选择 Zoom To Selected。单击【Editor】下拉按钮，选择停止编辑【Stop Editing】。

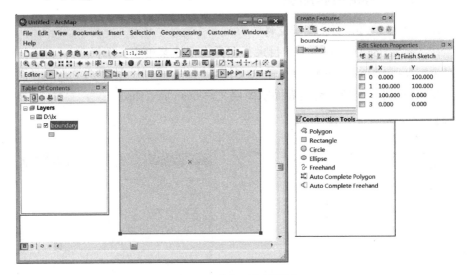

图 4-2　建立正方形样地

(二)建立树冠投影图层

1. 树木点分布图层

在 ArcMap 中，单击按钮【Add Data】，加载样地调查数据文件 data 2015. xls/ 'D>5 $'(胸径大于 5cm)。右击'D>5 $'，在弹出的快捷菜单中，选择 Display XY Data，在 Display XY Data 对话框中，单击【Edit】，打开 Spatial Reference Properties 对话框，选择 Layers/Unknown/boundary 坐标系。单击【确定】(图 4-3)，则创建了显示树木点分布的图层'D>5 $' Events (图 4-4)。右击图层'D>5 $' Events，选择 Data/Export Data，在 Export Data 对话框中，输入文件名选"trees. shp"，文件类型选 Shapefile，单击【确定】(图 4-5)，则创建树木点分布矢量图层，此时可以右击并移除文件 data2015. xls(图 4-6)。

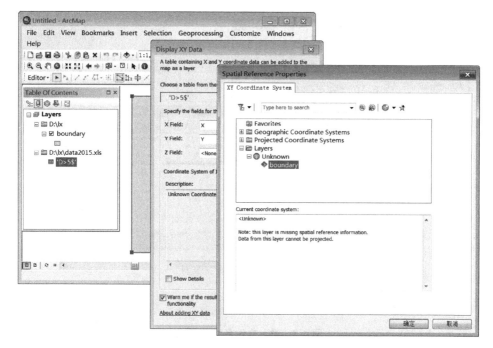

图 4-3　Display XY Data 对话框

图 4-4　显示树木点分布图层

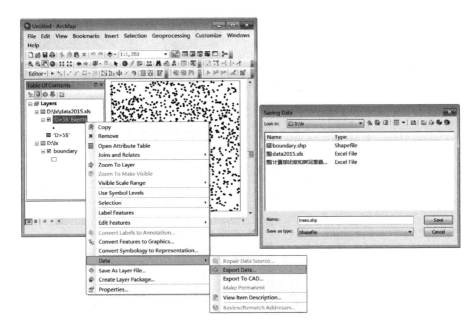

图 4-5　输入文件名 trees. shp

图 4-6　树木点分布矢量图层

2. 树冠投影图层

在 ArcMap 菜单中，选择 Geoprocessing/Buffer 缓冲区工具，弹出缓冲区对话框，Input Features 为 trees，Field 为 R。单击【OK】(图 4-7)。则创建树冠投影图层 trees_Buffer(图 4-8)。

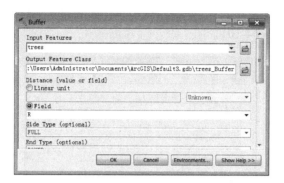

图 4-7 缓冲区对话框

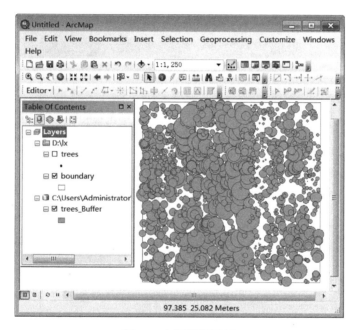

图 4-8 树冠投影图层

(三)建立林冠投影图层

在 ArcMap 菜单中,选择 Geoprocessing/Clip 裁剪工具,弹出裁剪对话框,Input Features 为 boundary,Clip Features 为 trees_Buffer。单击【OK】(图 4-9)。则从样地图层 boundary 中裁剪下树冠投影与样地重叠部分,并不改变原样地边界面状图层,从而得到样地内林冠投影图层 boundary_Clip1。样地内林冠投影是一个不规则多边形。右击图层 boundary_Clip1,选择 Open Attribute Table,打开图层属性表。根据属性表字段 Shape_Area，即可知样地内林冠投影面积为 7 781.501 643 m²（图 4-10）。

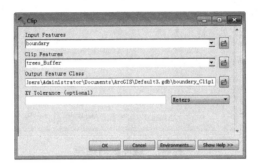

图 4-9　Clip 对话框

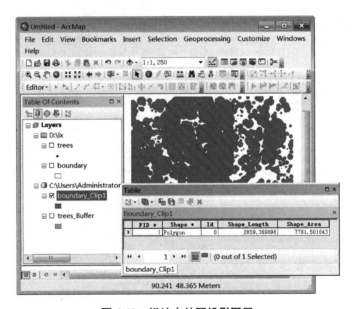

图 4-10　样地内林冠投影图层

(四)计算郁闭度

根据郁闭度的定义，可根据样地内林冠投影面积与样地面积之比求得。

计算数据：

$$A_{\text{plot}} = 样地面积 = 100 \times 100 = 10\ 000\ (\text{m}^2)$$

$$A_{\text{canopy}} = 样地内林冠投影面积 = 7\ 781.501\ 643\ (\text{m}^2)$$

根据式(4-1)计算郁闭度：

$$郁闭度 = \frac{A_{\text{canopy}}}{A_{\text{plot}}} = \frac{7\,781.501\,643}{10\,000} = 0.78$$

应当指出，boundary_Clip 属性表可以增加面积字段 c_area，用 Field Calculator 也可以计算林冠投影面积：c_area = ! shape. area@ meters ! 。

（五）计算树冠重叠度

1. 擦除法

先采用擦除法求样地内树冠投影总面积 $\sum_{i=1}^{n} A_{i\text{crown}}$ ，再利用式(4-2)计算树冠重叠度。为此，首先应求出树冠投影总面积，再用擦除法求样地外树冠投影总面积。样地内树冠投影总面积计算公式为：

$$\sum_{i=1}^{n} A_{i\text{crown}} = 树冠投影总面积 - 样地外树冠投影总面积$$

具体求算步骤如下：

（1）树冠投影总面积：右击图层 trees_Buffer，选择 Open Attribute Table，打开图层属性表。右击属性表字段 Shape_Area，选择 Statistics，可知树冠投影总面积(Sum)为 21 468.440 67 m² (图 4-11)。

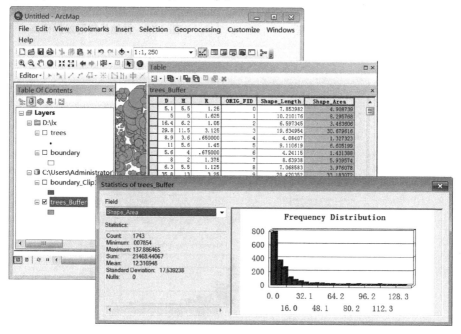

图 4-11　树冠投影总面积

（2）用擦除法求样地外树冠投影总面积：启动 ArcToolbox，选择 Analysis Tools/Overlay/Erase（擦除）工具。弹出擦除对话框，Input Features 为 trees_Buffer，Erase Features 为 boundary。单击【OK】(图 4-12)。则得到样地外树冠投影图层 trees_Buffer_Erase(图 4-13)。可见，样地外树冠投影是由样地内靠近边界的树木树冠投影到样地外的部分组成的，各部分是相互独立的。右击图层 trees_Buffer_Erase，选择 Open Attribute Table，打开图层属性表。右击属性表字段 Shape_Area，选择 Statistics，即可得到样地外树冠投影总面积（Sum）为 276.905 823 m^2(图 4-14)。

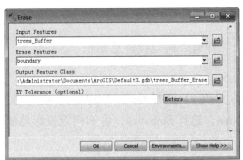

图 4-12　擦除对话框

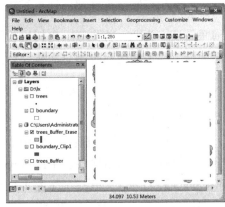

图 4-13　样地外树冠投影图层

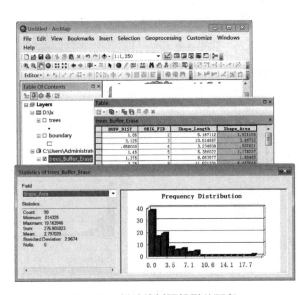

图 4-14　样地外树冠投影总面积

（3）树冠重叠度：经过上述操作步骤，得到以下数据：

$$A_{canopy} = 7\ 781.501\ 643\,(m^2)$$

$$树冠投影总面积 = 21\ 468.440\ 67\,(m^2)$$

$$样地外树冠投影总面积 = 276.905\ 823\,(m^2)$$

$$\sum_{i=1}^{n} A_{icrown} = 树冠投影总面积 - 样地外树冠投影总面积$$

$$= 21\ 468.440\ 67 - 276.905\ 823 = 21\ 191.534\ 85\,(m^2)$$

按式（4-2）计算树冠重叠度：

$$树冠重叠度 = \left(\frac{\sum\limits_{i=1}^{n} A_{icrown} - A_{canopy}}{A_{canopy}} \right) \times 100\% = \left(\frac{\sum\limits_{i=1}^{n} A_{icrown}}{A_{canopy}} - 1 \right) \times 100\%$$

$$= \left(\frac{21\ 191.534\ 85}{7\ 781.501\ 643} - 1 \right) \times 100\% = 172.332\ 203\% \approx 172\%$$

2. 裁剪法

首先，用（三）得到的样地内林冠投影图层 boundary_Clip1，去裁剪（二）创建的树冠投影图层 trees_Buffer。具体操作为：在 ArcMap 菜单中，选择 Geoprocessing/Clip 裁剪工具，弹出裁剪对话框，输入 Input Features 为 trees_Buffer，Clip Features 为 boundary_Clip1。单击【OK】（图 4-15）。则从树冠投影图层 trees_Buffer 中，裁剪下树冠投影与样地重叠部分，并不改变树冠投影图层 trees_Buffer，得到样地内树冠投影图层 trees_Buffer_Clip。可见，样地内树冠投影图层是多个树冠或部分树冠重叠而成的图层（图 4-16）。然后，右击图层 trees_Buffer_Clip，选择 Open Attribute Table，打开图层属性表。右击属性表字段 Shape_Area，选择 Statistics，即可得到样地内树冠投影总面积（Sum）为 21 181.892 772 m²（图 4-17）。

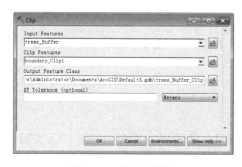

图 4-15　裁剪对话框

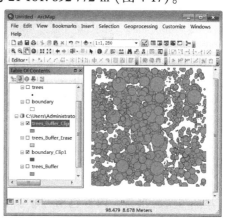

图 4-16　样地内树冠投影图层

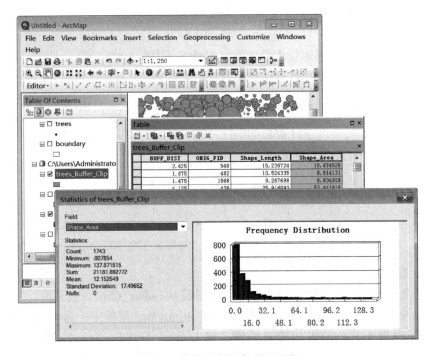

图 4-17　样地内树冠投影总面积

经过上述操作步骤，得到以下数据：

$$A_{canopy} = 7\,781.501\,643\,(m^2)$$

$$\sum_{i=1}^{n} A_{icrown} = 21\,181.892\,772\,(m^2)$$

按式(4-2)计算树冠重叠度：

$$树冠重叠度 = \left(\frac{\sum_{i=1}^{n} A_{icrown} - A_{canopy}}{A_{canopy}} \right) \times 100\% = \left(\frac{\sum_{i=1}^{n} A_{icrown}}{A_{canopy}} - 1 \right) \times 100\%$$

$$= \left(\frac{21\,181.892\,772}{7\,781.501\,643} - 1 \right) \times 100\% = 172.208\,292\,7\% \approx 172\%$$

三、实验报告

撰写实验报告，内容包括：①实验题目；②班级、姓名、学号；③实验目的；④实验步骤；⑤实验总结与体会。

实验五　空间网络分析

一、实验目的

　　网络是由点、线的二元关系构成的系统，通常用来描述某种资源或物质沿着路径在空间上的运动。网格分析是通过分析资源在网络上的流动与分配情况，对网络结构及其资源配置进行优化的空间分析方法。最常见的网络分析是最短路径分析，即根据给定的起点和终点，找到从起点到终点的最短路径。

　　本实验根据位于集体林区的太湖源镇 8 个村和连接相邻两个村的公路组成的网络图，分析从南庄村到其他各村的最短路径(图 5-1)。在图 5-1 中，村名是改编名称，V_1、V_2、V_3、V_4、V_5、V_6、V_7、V_8 是各村的代码，相邻两个村连线上标注的数据是公路长度(m)。假定相邻两个村的公路均可双向通行。根据已提供的矢量图层：村点状图层(village. shp)和公路线状图层(road. shp)，掌握空间网络分析方法。

图 5-1　村和公路网络图

二、实验内容与步骤

首先，用 Dijkstra 算法计算从南庄村（V_1）到其他各村（V_2，V_3，V_4，V_5，V_6，V_7，V_8）的最短路径；然后，用 ArcGIS 网络分析工具 Network Analyst，分析从南庄村到其他各村的最短路径，并与用 Dijkstra 算法计算的最短路径进行比较。最短路径长度计算结果保留整数。

（一）用 Dijkstra 算法计算最短路径

设有 8 个顶点的网络图：

$G = (V, E)$

顶点集（V）：

$V = \{V_1, V_2, V_3, V_4, V_5, V_6, V_7, V_8\}$，其中：$V_1$，$V_2$，$V_3$，$V_4$，$V_5$，$V_6$，$V_7$，$V_8$ 分别代表南庄村、上阳村、严头村、光辉村、上畈龙村、碧淙村、独山头村和太湖源村。

边集（E）：

$E = \{(V_i, V_j) \mid V_i \in V, V_j \in V, i \neq j\}$。

X 是已求得最短路径的顶点集。

$M = V - X$ 是剩余顶点集。

根据图 5-1，邻接距离矩阵为：

$$D = \begin{bmatrix} 0 & 2504.77 & 2348.9 & \infty & \infty & 6563.82 & \infty & \infty \\ 2504.77 & 0 & 2713.36 & \infty & 5581.77 & \infty & \infty & \infty \\ 2348.9 & 2713.36 & 0 & 2385.73 & \infty & \infty & \infty & \infty \\ \infty & \infty & 2385.73 & 0 & 2166 & \infty & 2615.14 & \infty \\ \infty & 5581.77 & \infty & 2166 & 0 & \infty & \infty & 3330.45 \\ 6563.82 & \infty & \infty & \infty & \infty & 0 & 1146.83 & \infty \\ \infty & \infty & \infty & 2615.14 & \infty & 1146.83 & 0 & 3203.86 \\ \infty & \infty & \infty & \infty & 3330.45 & \infty & 3203.86 & 0 \end{bmatrix}$$

根据邻接矩阵 D，按理论课学习的 Dijkstra 算法，计算南庄村（V_1）到其他各村（V_2，V_3，V_4，V_5，V_6，V_7，V_8）的最短路径，并画出最短路径树。

（二）用网络分析工具 Network Analyst 分析最短路径

1. 加载网络分析扩展模块

在 ArcMap 菜单栏，选择 Customize/Extensions。在弹出的对话框中，勾选

Network Analyst(图5-2)。再在 ArcMap 工具栏任何位置右击，在弹出快捷菜单中，勾选 Network Analyst，加载网络分析扩展模块(图5-3)。

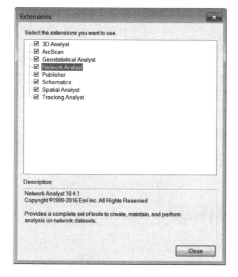

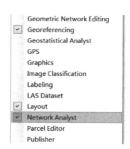

图 5-2 加载 Network Analyst 模块 　　**图 5-3 勾选 Network Analyst**

2. 建立网络分析数据集

（1）加载矢量数据：在 ArcMap 中，加载村点图层 village. shp 和公路线图层 road. shp，并标注村名和公路长度(m)，结果如图5-4所示。

图 5-4 加载村点图层和公路线图层

（2）建立数据库：打开 Catalog 对话框，选择工作文件夹。右击该文件夹，选择 New/Personal Geodatabase，数据库取名为"thyz Personal Geodatabase. mdb"（图 5-5）。

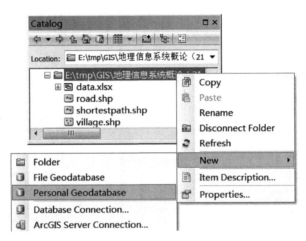

图 5-5　建立数据库

右击数据库 thyz Personal Geodatabase. mdb，选择 Import/Feature Class（single），分别把矢量数据 village. shp 和 road. shp 导入数据库（图 5-6），并分别取名为 village1 和 road1（图 5-7）。

图 5-6　导入矢量数据

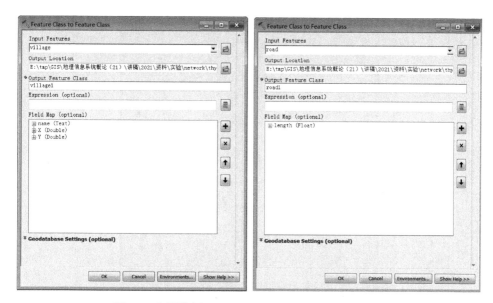

图 5-7　矢量数据 **village. shp** 和 **road. shp** 导入数据库

（3）建立数据集：右击数据库 thyz Personal Geodatabase. mdb，选择 New/Feature Dataset（图 5-8）。在对话框中，输入数据集名称"thyz"，点击【下一步】并完成（图 5-9）。

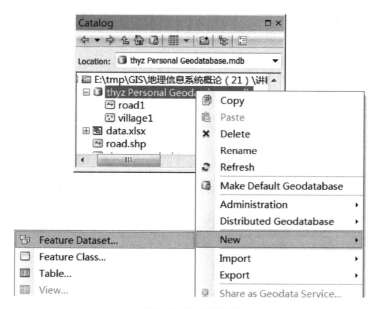

图 5-8　建立数据集

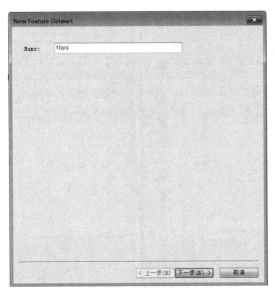

图 5-9　数据集名称

右击数据集 thyz，选择 Import/Feature Class（single）（图 5-10），依次导入矢量数据图层 village1 和 road1，并分别取名为 village2 和 road2（图 5-11）。

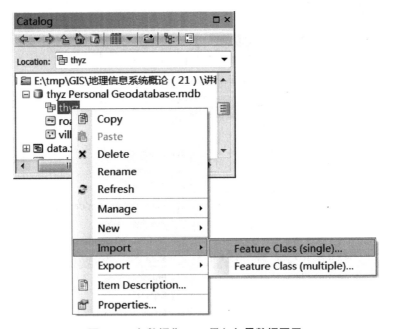

图 5-10　向数据集 thyz 导入矢量数据图层

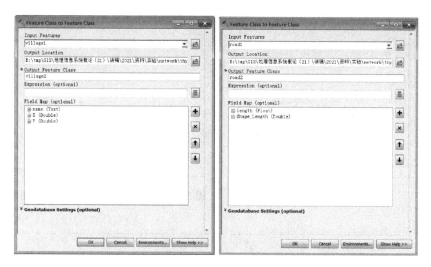

图 5-11 矢量图层分别取名为 village2 和 road2

(4)建立网络数据集:右击数据集 thyz,选择 New/Network Dataset(图 5-12)。在弹出的对话框中,输入网络数据集名称"thyz_ND"(图 5-13)。单击【下一步】,勾选参与网络分析的矢量图层 road2 和 village2(图 5-14)。单击【下一步】并完成。网络数据图层自动加载到地图窗口,包括 4 个数据图层:village2 和 thyz_ND_Junctions、road2 和 thyz_ND(图 5-15)。可以移除以上 4 个数据图层之外不参与网络分析的其他图层(图 5-16)。

图 5-12 建立网络数据集

图 5-13　网络数据集名称　　　　　图 5-14　选择参与网络分析的矢量图层

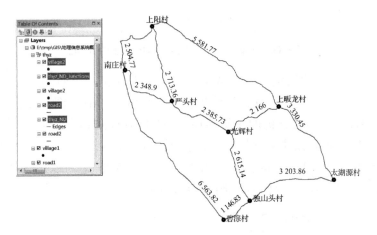

图 5-15　网络数据图层自动加载到地图窗口

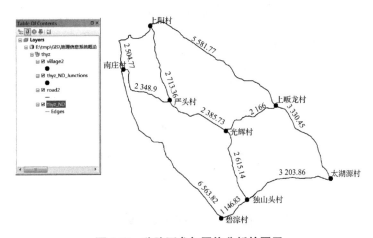

图 5-16　移除不参与网络分析的图层

3. 最短路径分析

（1）添加网络数据集文件：单击 ✛【Add Data】按钮，添加网络数据集 thyz Personal Geodatabase. mdb/thyz 中的全部网络地图文件 road2、village2、thyz_ND、thyz_ND_Junctions（图 5-17）。缩放网络地图到适当大小，并标注村名称和公路长度（m）（图 5-18）。

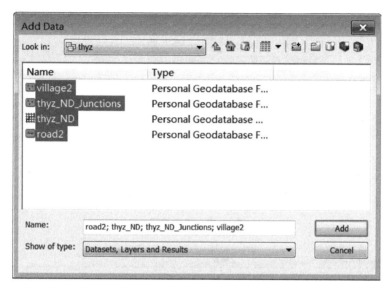

图 5-17　添加网络数据集文件

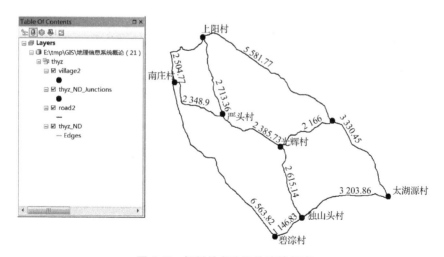

图 5-18　标村的名称和公路的长度

69

（2）创建路径分析图层：单击 Network Analyst 工具下拉菜单，选择新建路径 New Route（图 5-19）。此时，在网络分析 Network Analyst 窗口（如果无此窗口，可点击 Network Analyst 分析工具的 Network Analyst Window ![button] 按钮）中包含一个空的列表，显示停靠点（Stops）、路径（Routes）、路障（Barriers）的相关信息。同时，在 TOC（图层列表）面板上添加了新建的一个路径分析图层 Route 组合（图 5-20）。

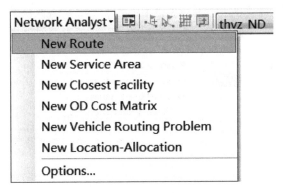

图 5-19　新建路径

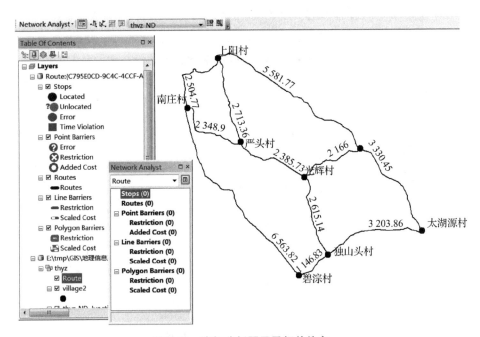

图 5-20　路径分析图层及相关信息

（3）添加路径停靠点：在网络分析 Network Analyst 窗口（如果无此窗口，可点击 按钮），右击 Stops(0)。弹出的快捷菜单中，选择 Load Locations（图 5-21）。在 Load Locations 对话框中，选择 village2，单击【OK】（图 5-22）。可见添加了 8 个停靠点（图 5-23）。

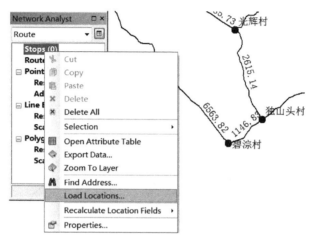

图 5-21 添加停靠点

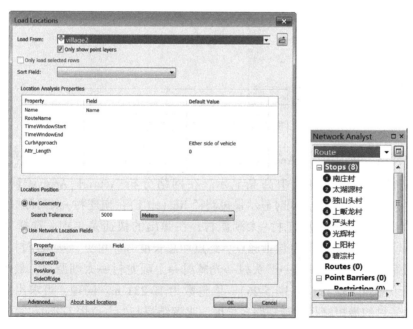

图 5-22 选择 village2   **图 5-23 添加 8 个停靠点**

　　(4)求解最短路径：每次求解可得到一条最短路径。以求解南庄村→太湖源村的最短路径为例。首先，从停靠点 Stops(8)中删除南庄村和太湖源村以外的其他停靠点。具体操作为先选中停靠点❸独山头村，再按下【Shift】键，依次选中其他 5 个停靠点，或按下【Ctrl】键，任意选择其他 5 个停靠点；再用 Delete 键删除选中的停靠点，则仅保留南庄村和太湖源村(图 5-24)。

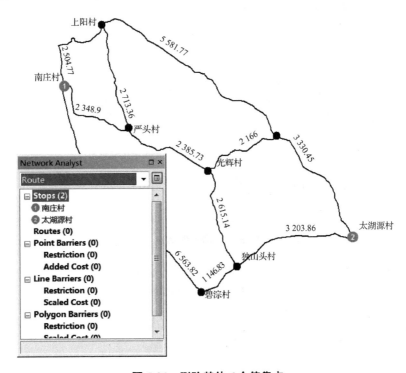

图 5-24　删除其他 6 个停靠点

　　在网络分析 Network Analyst 工具栏上，点击【Solve】(求解)按钮▦。求解最短路径结果会在地图中高亮显示。在网络分析 Network Analyst 窗口中，Route(路径)目录下也会同时显示最短路径 Routes(1)：南庄村–太湖源村(图 5-25)。右击最短路径：南庄村–太湖源村，在弹出的快捷菜单中，选择 Properties，显示该最短路径信息包括起点、终点和总长度等。可见，从南庄村→太源村的最短路径是：南庄村→严头村→光辉村→上畈龙村→太湖源村，最短路径长度是 10 230.852 101 m(图 5-26)，取整数为 10 231 m。同理，可求出南庄村到其他各村的最短路径和最短路径长度。求解结果与"(一)用 Dijkstra 算法计算最短路径"结果进行比较。

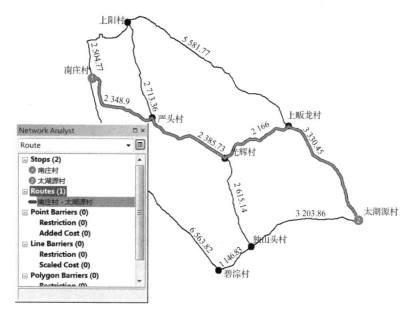

图 5-25　最短路径

图 5-26　最短路径信息

三、实验报告

撰写实验报告，内容包括：①实验题目；②班级、姓名、学号；③实验目的；④实验步骤；⑤实验总结与体会。

实验六　林木空间分布格局分析

一、实验目的

林木空间分布格局是森林中树木在空间的分布形式，包括聚集分布、随机分布和均匀分布（汤孟平等，2013）。林木空间分布格局是重要的林分结构，它反映了初始格局、微环境、气候和光照、竞争植物等条件的历史和环境的综合作用的结果，是森林空间结构调控的重要依据（Moeur，1993）。通常，采用林木空间分布格局指数来描述林木空间分布形式。

聚集指数是最常用的林木空间分布格局指数（Clark and Evans，1954）。聚集指数（aggregation index）指相邻最近单株距离的平均值与随机分布下期望的平均距离之比，计算公式为：

$$R = \frac{\frac{1}{N}\sum_{i=1}^{N}r_i}{\frac{1}{2}\sqrt{\frac{F}{N}}} = \frac{\bar{r}_{观测}}{\bar{r}_{期望}} \tag{6-1}$$

式中，r_i 为第 i 株树木到其最近邻木的距离（m）；F 为样地面积（m^2）；N 为样地株数；$\bar{r}_{观测}$ 为观测平均最近单株距离（m）；$\bar{r}_{期望}$ 为期望平均最近单株距离（m）。

分布格局判别规则为：$R>1$ 时，林木呈均匀分布；$R=1$ 时，林木呈随机分布；$R<1$ 时，林木呈聚集分布。可以采用标准化 Z_R 值对林木分布格局进行显著性检验（Erfanifard *et al.*，2016）。Z_R 值计算公式为：

$$Z_R = \frac{\bar{r}_{观测} - \bar{r}_{期望}}{SE_r} \tag{6-2}$$

$$SE_r = \frac{0.261\,36}{\sqrt{\frac{N^2}{F}}} \tag{6-3}$$

式（6-2）和式（6-3）中，$\bar{r}_{观测}$ 为观测平均最近单株距离；$\bar{r}_{期望}$ 为期望平均最近单株距离；SE_r 为标准差；F 为样地面积；N 为样地株数。

取显著性水平 $\alpha = 0.05$。当 $-1.96 \leq Z_R \leq 1.96$ 时，林木呈随机分布；当

$Z_R<-1.96$ 时，林木呈显著聚集分布；当 $Z_R>1.96$ 时，林木呈显著均匀分布。

实验者已在杭州市临安区於潜镇调查了 1 个天然马尾松-杉木混交林样地，样地大小为 28.28 m×28.28 m，树木共 111 株，其中：马尾松 65 株，杉木 46 株，并测定了树木的 X、Y 坐标等因子。根据样地调查数据(plot.shp)，采用聚集指数，应用 GIS 的邻近度分析功能，分析天然马尾松-杉木混交林林木、马尾松林木、杉木林木的空间分布格局。通过实验掌握 GIS 的最近邻体(Near)分析功能及其在林木空间分布格局分析中的应用方法。

二、实验内容与步骤

实验内容包括天然马尾松-杉木混交林林木分布格局分析、马尾松林木分布格局分析和杉木林木分布格局分析。

(一)天然马尾松-杉木混交林林木分布格局分析

1. 加载数据

在 ArcMap 中，添加【Add Data】样地树木图层(plot.shp)、样地边界图层(boundary.shp)和边缘矫正边界图层(correction.shp)。注意把地图单位设置为米(m)。

2. 计算最近距离

在 ArcMap 中，选择最近邻体分析工具 Analysis Tools/Proximity/Near。在最近邻体对话框中，输入特征(Input Features)和最近邻体特征(Near Features)均选择 plot(图 6-1)。单击【OK】。打开 plot 的属性表，可见已计算出每株树木到其最近邻木的距离(NEAR_DIST)(图 6-2)。

图 6-1　Near 对话框

树号	X	Y	树种	NEAR_FID	NEAR_DIST
1	4	22.3	马尾松	1	.806226
2	4.4	23	马尾松	0	.806226
3	.30000	27	马尾松	11	.700000
4	9.2	8.8	杉木	45	1.019804
5	4	20	杉木	0	2.3
6	1.7	1	马尾松	6	1.004988
7	1.6	2	马尾松	101	.600000
8	3	2	马尾松	8	1.019804
9	3.2	1	马尾松	7	1.019804
10	1.4	3.2	马尾松	6	1.216553

图 6-2　每株树木到其最近邻木的距离

3. 边缘矫正

在样地调查时，当树木处于样地边缘时，其最近邻木可能位于样地之处而未被调查，从而产生计算误差。为消除这种边缘影响所采取的矫正措施称为边缘矫正。本实验中原样地大小为 28.28 m×28.28 m。采用缓冲区边缘矫正方法，缓冲区宽度取 1.64 m，则矫正样地大小为 25 m×25 m。对落在样地边界上的树木，采用"取西、南边界，舍东、北边界"的原则。在 ArcMap 菜单中，选择 Selection/Select By Attributes。在选择对话框中，层（Layer）选择 plot，输入表达式：（"X" >= 1.64 AND "X" < 26.64）AND（"Y" >= 1.64 AND "Y" < 26.64）（图 6-3）。单击【OK】，则从原样地中选择了去除缓冲区后的树木（图 6-4）。

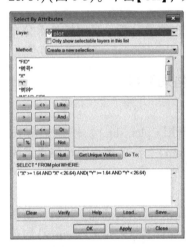

图 6-3　选择对话框

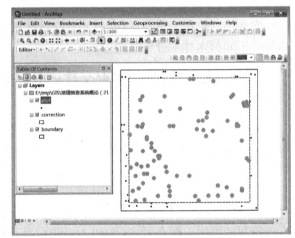

图 6-4　选择去除缓冲区后矫正样地内的树木

4. 计算平均最近距离

右击 Plot，打开其属性表，显示已选中的记录（Show selected records）。右击字段 NEAR_DIST，选择统计（Statistics）（图 6-5）。根据统计结果，总株数为 78 株，平均最近距离为 1.192 379 m（图 6-6）。

5. 计算聚集指数

把统计结果总株数 78 株和平均最近距离 1.192 379 m 代入式（6-1），计算聚集指数为：

$$R = \frac{\frac{1}{N}\sum_{i=1}^{N} r_i}{\frac{1}{2}\sqrt{\frac{F}{N}}} = \frac{\bar{r}_{观测}}{\bar{r}_{期望}} = \frac{1.192\,379}{\frac{1}{2}\sqrt{\frac{25 \times 25}{78}}} = \frac{1.192\,379}{1.415\,346} = 0.842\,464 < 1$$

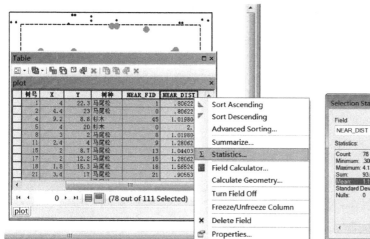

图 6-5　右击 NEAR_ DIST 并选择 Statistics

图 6-6　统计结果

根据分布格局判别规则可以确定，天然马尾松–杉木混交林的林木呈聚集分布。

采用标准化 Z_R 值进行分布格局显著性检验（Erfanifard *et al.*，2016）。根据式（6-2）和式（6-3）计算：

$$SE_r = \frac{0.261\,36}{\sqrt{\dfrac{N^2}{F}}} = \frac{0.261\,36}{\sqrt{\dfrac{78^2}{25 \times 25}}} = 0.083\,769$$

$$Z_R = \frac{\bar{r}_{观测} - \bar{r}_{期望}}{SE_r} = \frac{1.192\,379 - 1.415\,346}{0.083\,769} = -2.66$$

取显著性水平 $\alpha = 0.05$。$Z_R = -2.66 < -1.96$，则表明天然马尾松–杉木混交林的林木呈显著聚集分布。

（二）马尾松林木分布格局分析

1. 选择马尾松数据

在 ArcMap 菜单中，选择 Selection/Select By Attributes。在选择对话框中，在层（Layer）选择 plot，输入表达式："树种" = '马尾松'（图 6-7）。单击【OK】，选择马尾松数据（图 6-8）。

2. 保存并加载马尾松数据

右击图层 plot，选择 Data/Export Data/Selected features，保存为文件 mws. shp（图 6-9），并加载数据 mws. shp（图 6-10）。

图 6-7　选择对话框

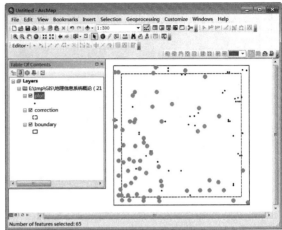

图 6-8　选择马尾松数据

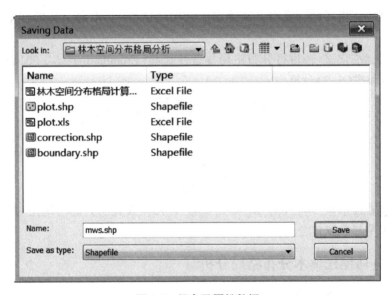

图 6-9　保存马尾松数据

3. 计算最近距离

在 ArcMap 中，选择最近邻体分析工具 Analysis Tools/Proximity/Near。在最近邻体对话框中，输入特征（Input Features）和最近邻体特征（Near Features）均选择 mws（图 6-11）。单击【OK】。打开 plot 的属性表，可见已计算出每株树木到其最近邻木的距离（NEAR_DIST）（图 6-12）。

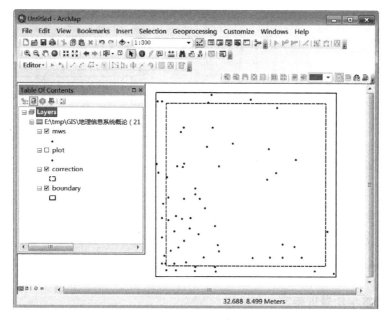

图 6-10　加载马尾松数据

图 6-11　Near 对话框

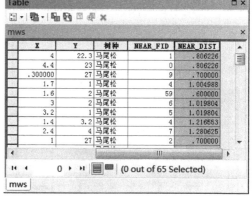

图 6-12　每株树木到其最近邻木的距离

4. 边缘矫正

原样地大小为 28.28 m×28.28 m。采用缓冲区边缘矫正方法，缓冲区宽度为 1.64 m。矫正后样地大小为 25 m×25 m。在 ArcMap 菜单中，选择 Selection/Select By Attributes。在选择对话框中，Layer 选择 mws，输入表达式：（ "X" >= 1.64 AND "X" < 26.64）AND（ "Y" >= 1.64 AND "Y" < 26.64）（图 6-13）。单击【OK】，则从原样地中选择去除缓冲区后的树木(图 6-14)。

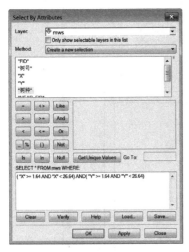

图 6-13　选择对话框

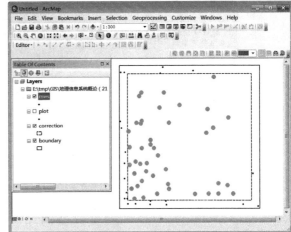

图 6-14　去除缓冲区后矫正样地内的树木

5. 计算平均最近距离

右击 mws，打开其属性表，显示已选中的记录（Show selected records）。右击字段 NEAR_DIST，选择统计（Statistics）（图 6-15）。根据统计结果，总株数为 43 株，平均最近距离为 1.805 569 m（图 6-16）。

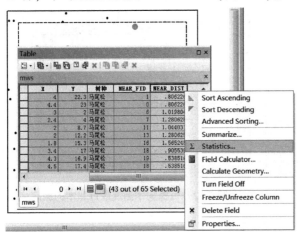

图 6-15　右击 NEAR_DIST 并选择 Statistics

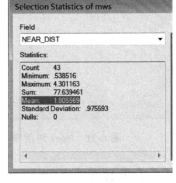

图 6-16　统计结果

6. 计算聚集指数

把统计结果总株数 43 株和平均最近距离 1.805 569 m 代入式（6-1），计算聚集指数为：

$$R = \frac{\dfrac{1}{N}\sum\limits_{i=1}^{N} r_i}{\dfrac{1}{2}\sqrt{\dfrac{F}{N}}} = \frac{\bar{r}_{观测}}{\bar{r}_{期望}} = \frac{1.805\,569}{\dfrac{1}{2}\sqrt{\dfrac{25\times25}{43}}} = \frac{1.805\,569}{1.906\,232} = 0.947\,193 \ <1$$

根据分布格局判别规则可知，马尾松林木呈聚集分布。

采用标准化 Z_R 值进行分布格局显著性检验（Erfanifard *et al.*，2016）。根据式（6-2）和式（6-3）计算：

$$SE_r = \frac{0.261\,36}{\sqrt{\dfrac{N^2}{F}}} = \frac{0.261\,36}{\sqrt{\dfrac{43^2}{25\times25}}} = 0.151\,953$$

$$Z_R = \frac{\bar{r}_{观测} - \bar{r}_{期望}}{SE_r} = \frac{1.805\,569 - 1.906\,232}{0.151\,953} = -0.66$$

取显著性水平 $\alpha = 0.05$。$Z_R = -0.66 \in [-1.96，1.96]$，表明马尾松林木呈随机分布。

（三）杉木林木分布格局分析

1. 选择杉木数据

在 ArcMap 菜单中，选择 Selection/Select By Attributes。在选择对话框中，在层（Layer）选择 plot，输入表达式："树种" = '杉木'（图 6-17）。单击【OK】，选择杉木数据（图 6-18）。

图 6-17　选择对话框

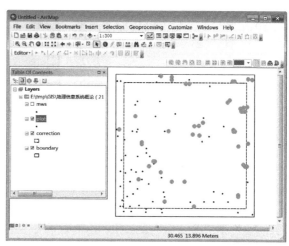

图 6-18　选择杉木数据

2. 保存并加载杉木数据

右击图层 plot，选择 Data/Export Data/Selected features，保存为文件 sm. shp（图 6-19），并加载数据 sm. shp（图 6-20）。

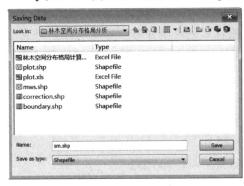

图 6-19　保存杉木数据　　　　图 6-20　加载杉木数据

3. 计算最近距离

在 ArcMap 中，选择最近邻体分析工具 Analysis Tools/Proximity/Near。在最近邻体对话框中，输入特征（Input Features）和最近邻体特征（Near Features）均选择 sm（图 6-21）。单击【OK】。打开 plot 的属性表，可见已计算出每株树木到其最近邻木的距离（NEAR_DIST）（图 6-22）。

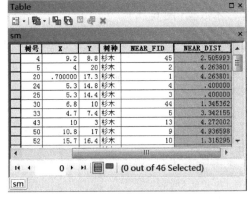

图 6-21　Near 对话框　　　　图 6-22　每株树木到其最近邻木的距离

4. 边缘矫正

原样地大小为 28.28 m×28.28 m。采用缓冲区边缘矫正方法，缓冲区宽度为 1.64 m。矫正样地大小为 25 m×25 m。在 ArcMap 菜单中，选择 Selection/Select By Attributes。在选择对话框中，Layer 选择 sm，输入表达式：（"X" >=

1.64 AND "X" < 26.64）AND（"Y" >= 1.64 AND "Y" < 26.64）（图 6-23）。
单击【OK】，则从原样地中选择去除缓冲区后的树木（图 6-24）。

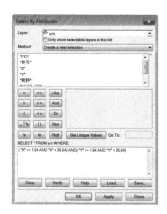

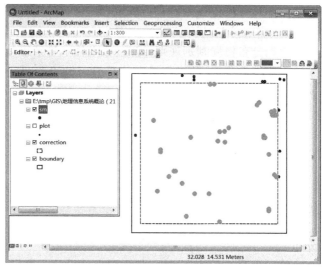

图 6-23　选择对话框　　　　**图 6-24　去除缓冲区后矫正样地内的树木**

5. 计算平均最近距离

右击 sm，打开其属性表，显示已选中的记录（Show selected records）。右击
字段 NEAR_DIST，选择统计（Statistics）（图 6-25）。根据统计结果，总株数为
35 株，平均最近距离为 1.360 184 m（图 6-26）。

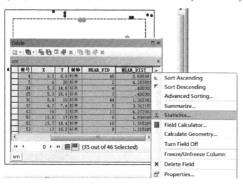

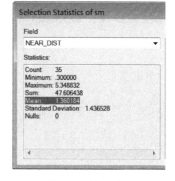

图 6-25　右击 NEAR_DIST 并选择 Statistics　　　**图 6-26　统计结果**

6. 计算聚集指数

把统计结果总株数 35 株和平均最近距离 1.360 184 m 代入式（6-1），计算
聚集指数为：

$$R = \frac{\frac{1}{N}\sum_{i=1}^{N} r_i}{\frac{1}{2}\sqrt{\frac{F}{N}}} = \frac{\bar{r}_{观测}}{\bar{r}_{期望}} = \frac{1.360\ 184}{\frac{1}{2}\sqrt{\frac{25 \times 25}{35}}} = \frac{1.360\ 184}{2.112\ 886} = 0.643\ 757\ < 1$$

根据分布格局判别规则可知,杉木林木呈聚集分布。

采用标准化 Z_R 值进行分布格局显著性检验(Erfanifard $et\ al.$, 2016)。根据式(6-2)和式(6-3)计算:

$$SE_r = \frac{0.261\ 36}{\sqrt{\frac{N^2}{F}}} = \frac{0.261\ 36}{\sqrt{\frac{35^2}{25 \times 25}}} = 0.186\ 686$$

$$Z_R = \frac{\bar{r}_{观测}\ -\ \bar{r}_{期望}}{SE_r} = \frac{1.360\ 184\ -\ 2.112\ 886}{0.186\ 686} = -4.03$$

取显著性水平 $\alpha = 0.05$。$Z_R = -4.03 < -1.96$,表明杉木林木呈显著聚集分布。

结果表明:天然马尾松-杉木混交林呈显著聚集分布,杉木林木呈显著聚集分布,马尾松林木呈随机分布。说明杉木对该混交林整体林木空间分布格局有决定性作用,应当作为森林空间结构优化调控的重点。

三、实验报告

撰写实验报告,内容包括:①实验题目;②班级、姓名、学号;③实验目的;④实验步骤;⑤实验总结与体会。

实验七　空间数据查询分析

一、实验目的

空间数据查询就是从数据库中找出满足用户需求的空间数据子集。空间数据查询包括非空间关系查询(属性数据查询)、空间关系查询以及空间关系和非空间属性联合查询。

根据 2017 年杭州市临安区锦北街道森林资源二类调查的部分小班数据(subcompartment. shp),通过非空间关系查询(属性数据查询)、空间关系查询以及空间关系和非空间属性联合查询,掌握 GIS 空间数据查询方法以了解该区域森林资源的分布特征。

二、实验内容与步骤

实验内容包括针对实验数据进行非空间关系查询、空间关系查询以及空间关系和非空间属性联合查询。

(一)非空间关系查询

根据第九次(2014—2018)全国森林资源清查结果,我国乔木林单位面积蓄积量为 94.83 m³/hm²(6.322m³/亩*),平均郁闭度 0.58,平均胸径 13.4 cm,平均树高 10.5 m。若需在实验用的锦北街道小班地图中分别查询乔木林单位面积蓄积量 ≥ 6.322 m³/亩、郁闭度 ≥ 0.58、平均胸径 ≥ 13.4 cm、平均树高 ≥ 10.5 m 的小班有哪些,具体操作步骤如下。

1. 加载数据

在 ArcMap 中,单击按钮 ✚【Add Data】,添加小班数据(subcompartment. shp)。右击图层 subbompartment,打开属性表,可以查看小班属性数据(图 7-1)。

---

* 1 亩 ≈ 0.067 hm²。

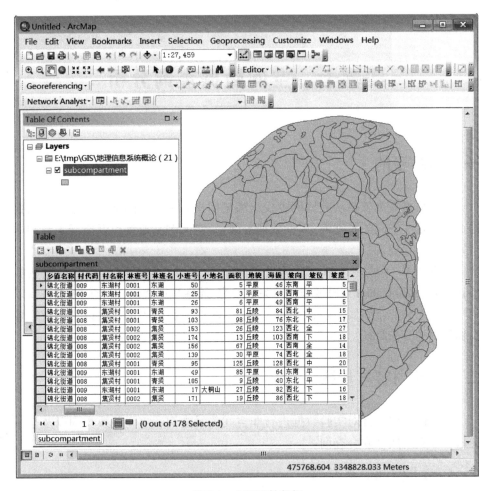

图 7-1　小班属性数据

2. 乔木林小班

在 ArcMap 主菜单中，选择 Selection/Select By Attributes（按属性选择）。在弹出的对话框中，输入 SQL（Structured Query Language）查询表达式:"地类" = '乔木林'（图 7-2）。单击【OK】，得到查询结果。右击图层 subcompartment，在弹出的快捷菜单中，选择 Open Attribute Table，打开属性表，选择显示选择记录表（Show selected records）。可见，乔木林小班共有 106 个。右击面积字段，选择统计 Statistics，得到乔木林面积为 5 456 亩（图 7-3）。

3. 筛选乔木林单位面积蓄积量≥全国平均水平的小班

在 ArcMap 主菜单中，选择 Selection/Select By Attributes（按属性选择）。在弹出的对话框中，输入 SQL（Structured Query Language）查询表达式:"地类" =

图 7-2　查询表达式

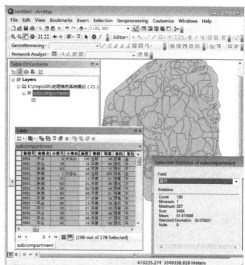

图 7-3　乔木林面积

'乔木林' AND "单位蓄积">=6.322（图 7-4）。单击【OK】，得到查询结果。右击图层 subcompartment，在弹出的快捷菜单中，选择 Open Attribute Table，打开属性表，选择显示选择记录表（Show selected records）。可见，乔木林小班共有34 个。右击面积字段，选择统计 Statistics，得到乔木林单位面积蓄积量≥全国平均水平 6.322 m³/亩的小班面积为 2 671 亩（图 7-5），占乔木林面积的 48.955%。

4. 筛选乔木林郁闭度≥全国平均水平的小班

在 ArcMap 主菜单中，选择 Selection/Select By Attributes（按属性选择）。在弹出的对话框中，输入 SQL（Structured Query Language）查询表达式："地类" = '乔木林' AND "郁闭度">=0.58（图 7-6）。单击【OK】，得到查询结果。右击图层 subcompartment，在弹出的快捷菜单中，选择 Open Attribute Table，打开属性表，选择显示选择记录表（Show selected records）。可见，乔木林小班共有102 个。右击面积字段，选择统计 Statistics，得到乔木林郁闭度≥全国平均水平0.58 的小班面积为 5 395 亩（图 7-7），占乔木林面积的 98.882%。

5. 筛选乔木林平均胸径≥全国平均水平的小班

在 ArcMap 主菜单中，选择 Selection/Select By Attributes（按属性选择）。在弹出的对话框中，输入 SQL（Structured Query Language）查询表达式："地类" = '乔木林' AND "平均胸径">=13.4（图 7-8）。单击【OK】，得到查询结果。右击

图 7-4　查询表达式

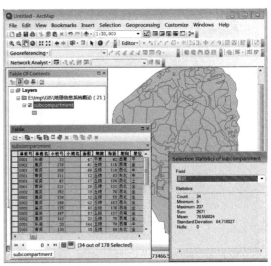

图 7-5　筛选出的乔木林单位面积蓄积量≥
全国平均水平的小班

图 7-6　查询表达式

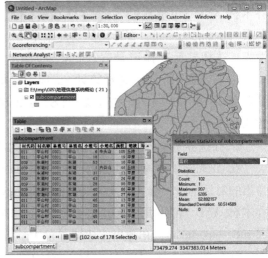

图 7-7　筛选出的乔木林郁闭度≥全国平均水平的小班

图层 subcompartment，在弹出的快捷菜单中，选择 Open Attribute Table，打开属性表，选择显示选择记录表（Show selected records）。可见，乔木林小班共有60 个。右击面积字段，选择统计 Statistics，得到乔木林平均胸径≥全国平均水平 13.4 cm 的小班面积为 4 121 亩（图 7-9），占乔木林面积的 75.532%。

图 7-8　查询表达式

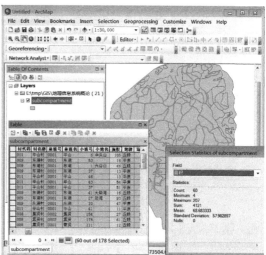

图 7-9　筛选出的乔木林平均胸径≥全国平均水平的小班

6. 筛选乔木林平均树高≥全国平均水平的小班

在 ArcMap 主菜单中, 选择 Selection/Select By Attributes(按属性选择)。在弹出的对话框中, 输入 SQL(Structured Query Language)查询表达式: "地类" = '乔木林' AND "平均高">=10.5(图 7-10)。单击【OK】, 得到查询结果。右击图层 subcompartment, 在弹出的快捷菜单中, 选择 Open Attribute Table, 打开属性表, 选择显示选择记录表(Show selected records)。可见, 乔木林小班共有 30个。右击面积字段, 选择统计 Statistics, 得到乔木林平均树高≥全国平均水平 10.5 m 的小班面积为 1 611 亩(图 7-11), 占乔木林面积的 29.527%。

(二)空间关系查询

若需查询"大山湾水库"周围有哪些小班, 具体操作步骤如下。

1. 选择对象

打开小班图层 subcompartment 的属性表, 浏览字段"小地名", 选择"大山湾"所在行, 或者通过属性选择, 输入表达式: "小地名" = '大山湾', 从而选择"大山湾水库"(图 7-12)。

2. 按位置查询

在 ArcMap 主菜单中, 选择 Selection/Select ByLocation(按位置选择)。在弹出的对话框中, 输入或选择查询条件的各项内容(图 7-13): Selectionmethod(选择方法)为 select features from(从…选择要素); Target layer(s)(目标层)为 sub-compartment; Source layer(源层)为 subcompartment; Spatial selection method for

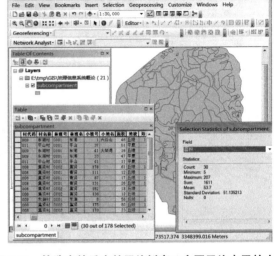

图 7-10   查询表达式   图 7-11   筛选出的乔木林平均树高≥全国平均水平的小班

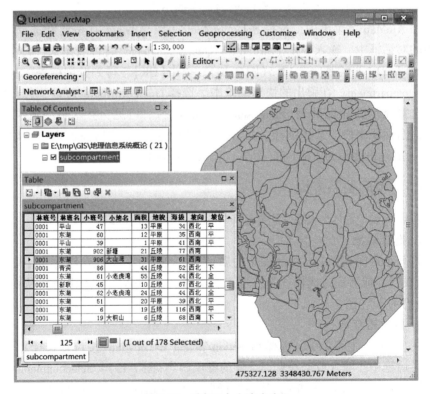

图 7-12   选择"大山湾水库"

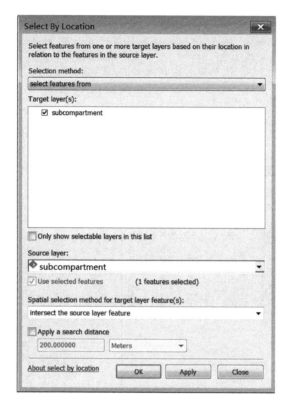

图 7-13　按位置查询对话框

target layer feature（s）（目标层要素的空间选择方法）为 intersect the source layer feature（与源层要素相交）。单击【OK】。

3. 查询结果显示

右击图层 subcompartment，在弹出的快捷菜单中，选择 Open Attribute Table，打开属性表，选择显示选择记录表（Showed selected records），共选择 9 条记录。通过"地类"段字，发现其中两条记录分别是非林地和水库（水库也属于非林地）。小班不包括非林地。实际上，在"大山湾水库"周围共有 7 个小班，均为乔木林小班（图 7-14）。

（三）空间关系和非空间属性联合查询

若需查询"大山湾水库"周围哪些乔木林小班的单位面积蓄积量、林分平均郁闭度、平均胸径和平均树高达到或超过全国平均水平，具体操作步骤如下。

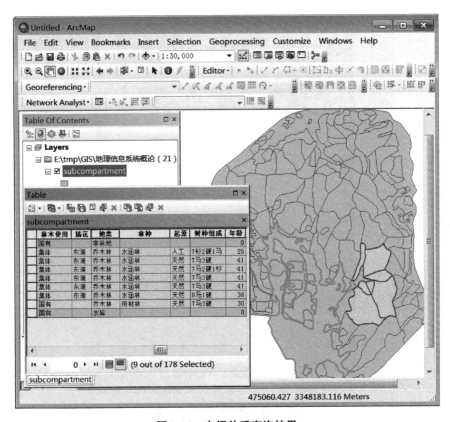

图 7-14 空间关系查询结果

1. 筛选乔木林单位面积蓄积量≥全国平均水平的小班

（1）空间关系查询：打开小班图层 subcompartment 的属性表，浏览字段"小地名"，选择"大山湾"所在行，从而选择了"大山湾水库"（图 7-15）。

在 ArcMap 主菜单中，选择 Selection/Select ByLocation（按位置选择）。在弹出的对话框中，输入或选择查询条件的各项内容（图 7-16）：Selectionmethod（选择方法）为 select features from（从……选择要素）；Target layer（s）（目标层）为 subcompartment；Source layer（源层）为 subcompartment；Spatial selection method for target layer feature（s）（目标层要素的空间选择方法）为 intersect the source layer feature（与源层要素相交）。单击【OK】。空间关系查询结果见图 7-17。

（2）非空间关系查询：在 ArcMap 主菜单中，选择 Selection/Select By Attributes（按属性选择）。在弹出的对话框中，方法 Method 为 Select from current selection，输入查询表达式："单位蓄积">=6.322（图 7-18）。单击【OK】，得到查询结果。右击图层 subcompartment，在弹出的快捷菜单中，选择 Open Attribute Table，

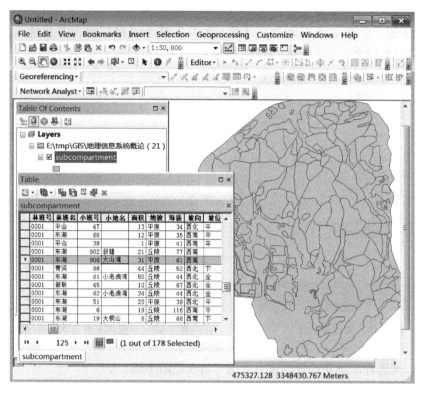

图 7-15　选择"大山湾水库"

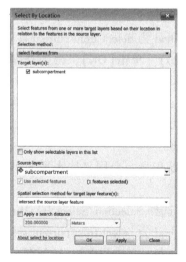

图 7-16　按位置查询对话框

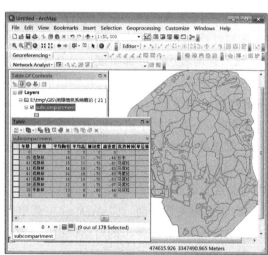

图 7-17　空间关系查询结果

打开属性表，选择显示选择记录表(Show selected records)。可见，在"大山湾水库"周围的 7 个乔木林小班中，只有 1 个乔木林小班单位面积蓄积量 6.7 m^3/亩≥全国平均水平 6.322 m^3/亩(图 7-19)。

图 7-18 查询表达式

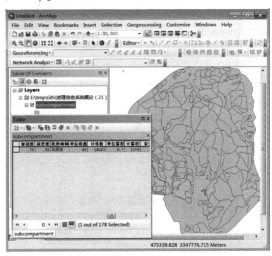

图 7-19 非空间关系查询结果

2. 筛选乔木林平均郁闭度≥全国平均水平的小班

(1)空间关系查询：同筛选乔木林单位面积蓄积量≥全国平均水平的小班的空间关系查询步骤。

(2)非空间关系查询：在 ArcMap 主菜单中，选择 Selection/Select By Attributes(按属性选择)。在弹出的对话框中，方法 Method 为 Select from current selection，输入查询表达式："郁闭度">=0.58 (图 7-20)。单击【OK】，得到查询结果。右击图层 subcompartment，在弹出的快捷菜单中，选择 Open Attribute Table，打开属性表，选择显示选择记录表(Show selected records)。可见，在"大山湾水库"周围的 7 个乔木林小班的郁闭度均≥全国平均水平 0.58(图 7-21)。

3. 筛选乔木林平均胸径≥全国平均水平的小班

(1)空间关系查询：同筛选乔木林单位面积蓄积量≥全国平均水平的小班的空间关系查询步骤。

(2)非空间关系查询：在 ArcMap 主菜单中，选择 Selection/Select By Attributes(按属性选择)。在弹出的对话框中，方法 Method 为 Select from current selection，输入查询表达式："平均胸径">=13.4 (图 7-22)。单击【OK】，得到查询结果。右击图层 subcompartment，在弹出的快捷菜单中，选择 Open Attribute Table，打开属性表，选择显示选择记录表(Show selected records)。可见，在"大山湾水

图 7-20　查询表达式

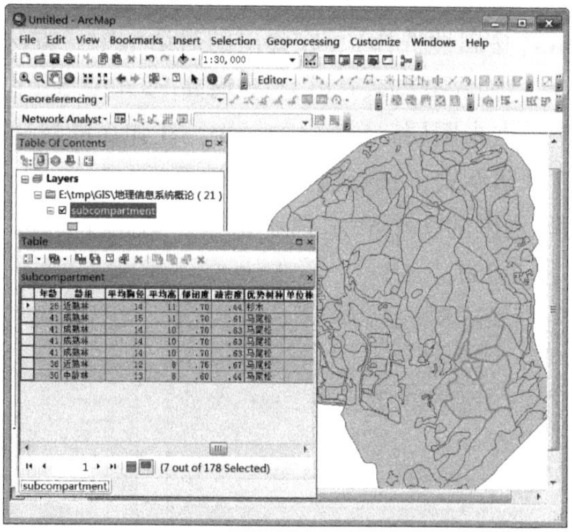

图 7-21　非空间关系查询结果

图 7-22　查询表达式

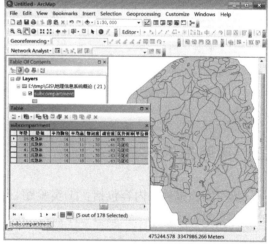

图 7-23　非空间关系查询结果

库"周围的 7 个乔木林小班中，有 5 个小班平均胸径≥全国平均水平 13.4 cm（图 7-23）。

4. 筛选乔木林平均树高≥全国平均水平的小班

（1）空间关系查询：同筛选乔木林单位面积蓄积量≥全国平均水平的小班的空间关系查询步骤。

（2）非空间关系查询：在 ArcMap 主菜单中，选择 Selection/Select By Attributes（按属性选择）。在弹出的对话框中，方法 Method 为 Select from current selection，输入查询表达式："平均高" >= 10.5 （图 7-24）。单击【OK】，得到查询结果。右击图层 subcompartment，在弹出的快捷菜单中，选择 Open Attribute Table，打开属性表，选择显示选择记录表（Show selected records）。可见，在"大山湾水库"周围的 7 个乔木林小班中，有两个小班平均树高≥全国平均水平 10.5 m（图 7-25）。

图 7-24   查询表达式

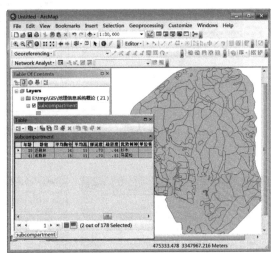

图 7-25   非空间关系查询结果

三、实验报告

撰写实验报告，内容包括：①实验题目；②班级、姓名、学号；③实验目的；④实验步骤；⑤实验总结与体会。

实验八 专题地图制作

一、实验目的

专题地图是用各种图形样式(颜色、填充模式)显示某一专题信息的地图,如土地类型、人口、森林分布图等。应用 GIS 软件,可以制作多种专题地图,如分级颜色、分级符号、点密度等。本实验的目的是掌握 GIS 专题地图制作方法。

本实验采用 2017 年杭州市临安区森林经理调查(简称二类调查)结果数据,统计了板桥镇 15 个村和 1 个林场的土地面积、森林面积(单位为亩),并且提供了各村和林场的矢量地图数据 town. shp 和 village. shp。town. shp 是板桥镇边界线状地图;village. shp 是各村和林场面状地图,字段包括:town(乡镇名称)、village(村或林场名称)、landarea(土地面积)、forestarea(森林面积)和coverage(森林覆盖率)。要求以各村和林场的 coverage(森林覆盖率)为变量,制作"板桥镇森林覆盖率分布图(2017)"。

二、实验内容与步骤

本实验需以分级颜色为例,制作"板桥镇森林覆盖率分布图(2017)",要对地图进行版面设置、图框设置、图名设置、比例尺设置和指比针设置等的整饰。

(一)加载地图

在 ArcMap 中,单击按钮 ✦【Add Data】,选择板桥镇边界线状地图town. shp、各村和林场面状地图 village. shp。左击图层 town,修改名称为"乡镇界",并左击图层"乡镇界"的线状图例,在弹出的 Symbol Selector 中选择符号"Boundary,Township",Width 为 2;右击图层 village,在弹出的快捷菜单中,选择 Properties。在 Layer Properties 中,选择标注字段 Labels/Label Field:village,宋体,20 号字。右击图层 village,勾选 Label Features,标注村和林场名称(图 8-1)。

97

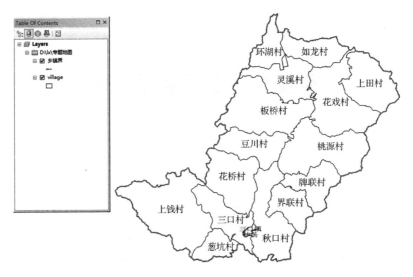

图 8-1　标注村和林场名称

(二)计算森林覆盖率

右击图层 village,在弹出的对话框中选择 Open Attribute Table。在打开的属性表中,右击字段 coverage,选择 Field Calculator(字段计算器),Parser 为 VB Script,在对话框中输入:[forestarea]/[landarea] * 100(图 8-2),即可计算得到各村和林场的森林覆盖率(%)(图 8-3)。

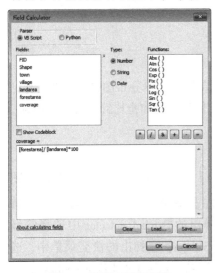

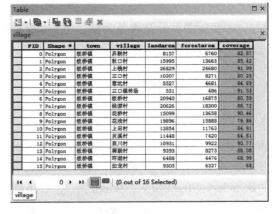

FID	Shape *	town	village	landarea	forestarea	coverage
0	Polygon	板桥镇	界联村	8157	6760	82.87
1	Polygon	板桥镇	秋口村	15995	13663	85.42
2	Polygon	板桥镇	上钱村	26829	24680	91.99
3	Polygon	板桥镇	三口村	10307	8271	80.25
4	Polygon	板桥镇	葱坑村	5527	4681	84.69
5	Polygon	板桥镇	三口镇林场	531	486	91.53
6	Polygon	板桥镇	板桥村	20940	16875	80.59
7	Polygon	板桥镇	桃源村	20626	18300	88.72
8	Polygon	板桥镇	花桥村	15099	13658	90.46
9	Polygon	板桥镇	花戏村	19896	15888	79.86
10	Polygon	板桥镇	上田村	13854	11763	84.91
11	Polygon	板桥镇	灵溪村	11448	7420	64.81
12	Polygon	板桥镇	豆川村	10931	9922	90.77
13	Polygon	板桥镇	牌联村	9393	8273	88.08
14	Polygon	板桥镇	环湖村	6488	4476	68.99
15	Polygon	板桥镇	如龙村	9305	6327	68

图 8-2　计算森林覆盖率　　　　**图 8-3　各村和林场的森林覆盖率**

(三)地图符号化

右击图层 village,在弹出的对话框中选择 Properties,选择 Symbology 页面/Quantities/Graduate Colors 分级颜色,在 Fields Value 中选择森林覆盖率字段 coverage。Classes 为 4,单击【Classify】,适当调整区间断点值,单击【OK】(图 8-4)。修改 Label 为整数显示,单击【确定】(图 8-5),得到 2017 年板桥镇森林覆盖率分布符号化显示地图,单击图层 village 的字段名 coverage,修改为"森林覆盖率(%)"(图 8-6)。

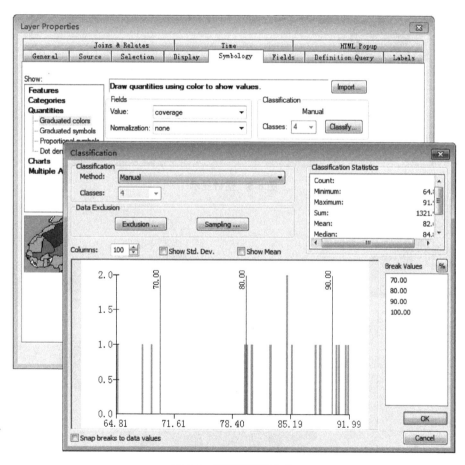

图 8-4 调整区间断点值

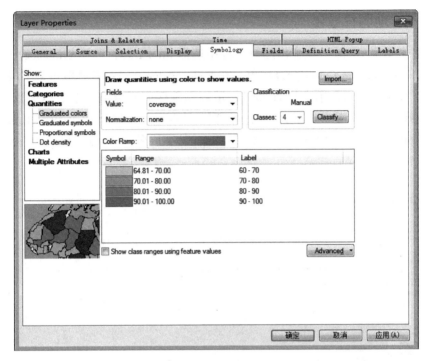

图 8-5 整数显示

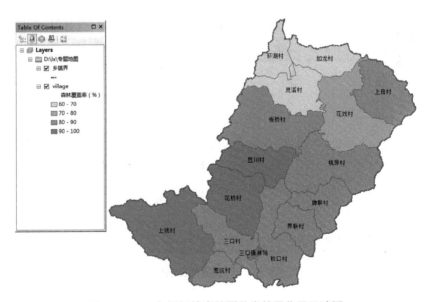

图 8-6 2017 年板桥镇森林覆盖率符号化显示地图

(四)地图整饰

地图整饰就是在版面视图(Layout View)中进行版面设置，包括版面、图框、图名、图例、比例尺、指北针等设置和文字说明。

1. 版面大小设置

首先，选择菜单 View/Layout View，将窗口转换到版面视图。在主菜单，选择 File/Page and Print Setup。在弹出的快捷菜单中，选择 Page and Print Setup，打开 Page and Print Setup 对话框。Paper 设置按默认值。Map Page Size 设置，Standard Sizes 为 Custom，Width 为 38 Centimeters，Height 为 46 Centimeters(图 8-7)。单击【OK】。在版面视图中，视图工具，可以移动整个版面视图；选择主工具，可以移动地图。在比例尺对话框 `1:267,735`，可以调整比例尺为 1：50 000(图 8-8)。

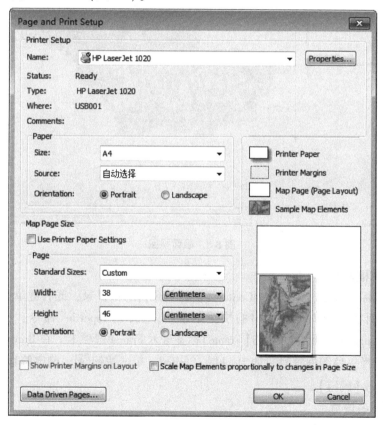

图 8-7　Page and Print Setup 对话框

图 8-8　版面视图

2. 图框设置

用鼠标右键单击 Table of Contents 窗口目录树的根目录，或右键单击【Layout View】版面视图窗口，在弹出的快捷菜单中，选择 Properties 命令，打开 Data Frame Properties 对话框。单击【Frame】标签进入 Frame 选项卡。在 Border 下拉列表中，选择一种图框符号，如 Double，Graded。单击按钮，确定符号宽度（图 8-9）。单击【确定】。

3. 图名设置

在 ArcMap 主菜单中，选择 Insert/Title。在对话框中输入图名称"板桥镇森

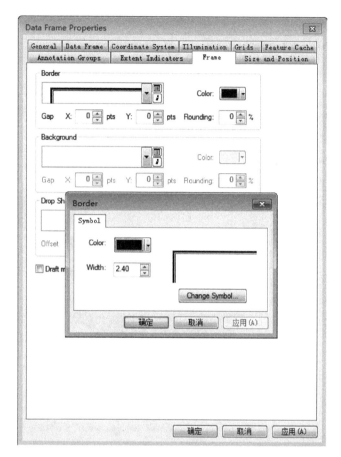

图 8-9 设置图框

林覆盖率分布图(2017)"。选择工具 ⬉，单击并拖动图名到合适的位置，再双击图名称，单击【Change Symbol】，修改字体和大小(图 8-10)。

4. 图例设置

在 ArcMap 主菜单中，选择 Insert/Legend。弹出 Legend Wizard 对话框。选择图层，单击右箭头，添加图层到 Legend Items 列表(图 8-11)。单击【下一步】，输入"图例"名称，设置为宋体、24 号(图 8-12)。在后续对话框中，连续单击【下一步】，最后单击【完成】。选择工具 ⬉，单击并拖动图例到合适的位置(图 8-13)。

在 Layout View 窗口中，双击图例。在 Legend Properties 对话框的 Items 页面，选择"乡镇界"图层，单击按钮【Symbol…】，弹出 Symbol Selector 对话框，

图8-10 输入和修改图名称

设置为宋体、20号（图8-14）。单击【OK】。在 Legend Properties 对话框的 Items 页面，选择 village 图层，单击【Style】按钮，弹出 Legend Item Selector 对话框。单击按钮【Properties】，在 Legend Item/General 页面，取消 Show Layer Name 复选框。单击 Show Heading 下的【Heading Symbol】，在弹出的 Symbol Selector 页面设置为宋体、16号（图8-15）。单击【确定】，再单击【OK】。最后，得到修改图例显示的结果（图8-16）。

5. 比例尺设置

在 ArcMap 主菜单中，选择 Insert/Scale Text。弹出 Scale Text Selector 对话框。选择比例尺样式1：1 000 000（图8-17）。单击【Properties】，修改比例尺样式，在 Number Format 格式中，选择不显示1 000分隔符（图8-18）。单击【确定】，拖动比例到适当位置（图8-19）。

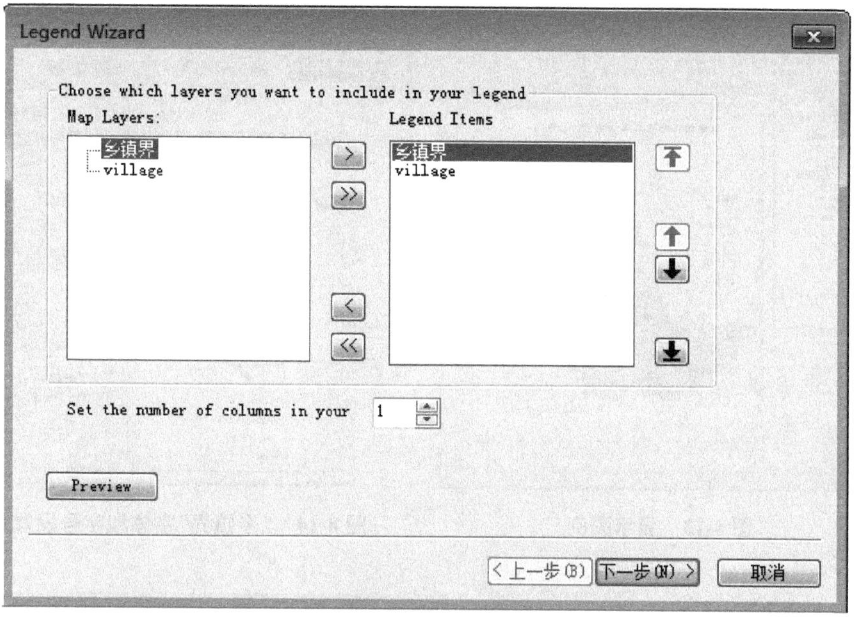

图 8-11 添加图层

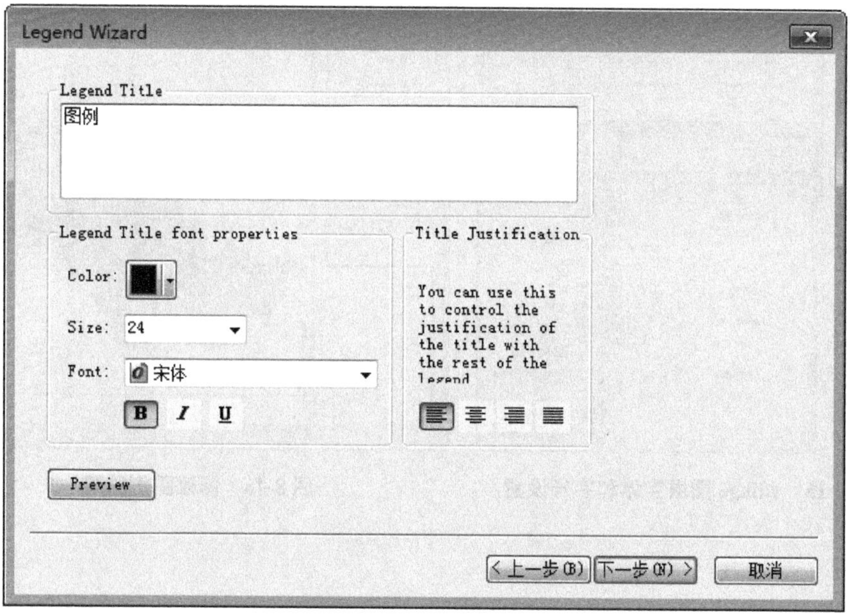

图 8-12 输入图例名称

图 8-13 显示图例

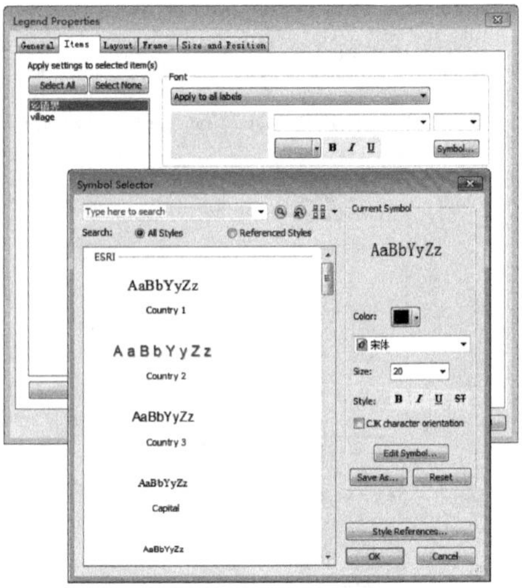

图 8-14 "乡镇界"字体和字号设置

图 8-15 village 图层字体和字号设置

图 8-16 修改图例结果

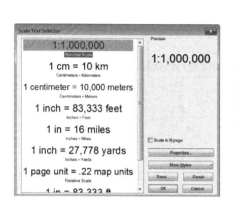

图 8-17　选择比例尺样式

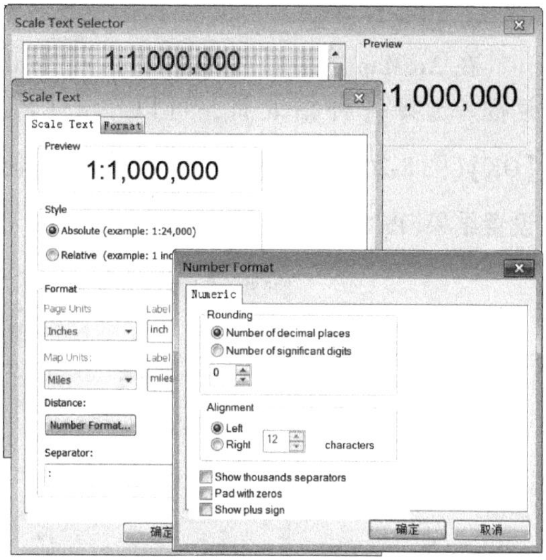

图 8-18　修改比例尺样式

图 8-19　拖动比例尺

6. 指北针设置

在 ArcMap 主菜单中，选择 Insert/North Arrow。弹出 North Arrow Selector 对话框。选择一种指北针，可以单击【Properties】，修改指北针样式。单击【OK】(图 8-20)。选择工具 ![arrow] ，单击并拖动指北针到合适的位置，得到指北针设置结果(图 8-21)。

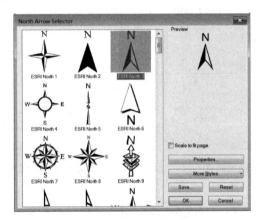

图 8-20　选择指北针样式

图 8-21　指北针设置结果

7. 文字说明

在 ArcMap 主菜单中，首先选择 Insert/Text，选择工具  ，单击并拖动文本框到图廓下方适当位置。再双击文本框，输入作者、日期、绘制单位等。单击【Change Symbol】，可修改字体和大小。单击【确定】(图 8-22)。最终，得到完整的"板桥镇森林覆盖率分布图(2017)"，从图上可以直观地看出各村和林场的森林覆盖率差异及其分布状况(图 8-23)。

图 8-22　文字说明

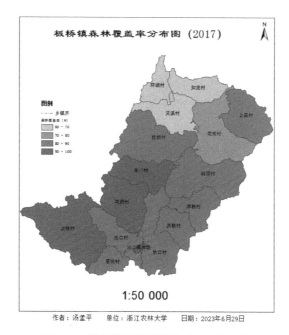

图 8-23　板桥镇森林覆盖率分布专题地图

(五)保存专题地图

选择 File/Save As/，在另存为对话框中，输入文件名 forest2017. mxd，保存专题地图(图 8-24)。以后，只需双击文件名 forest2017. mxd，就可以直接打开该专题地图。也可以选择 File/Export Map，把专题地图输出为". jpg"". tif"". bmp"等格式地图(图 8-25)。

图 8-24　保存专题地图　　　图 8-25　把专题地图输出为". jpg"格式地图

三、实验报告

撰写实验报告，内容包括：①实验题目；②班级、姓名、学号；③实验目的；④实验步骤；⑤实验总结与体会。

参考文献

包云轩, 2007. 气象学[M]. 2 版. 北京: 中国农业出版社.

黄杏元, 马劲松, 2008. 地理信息系统[M]. 3 版. 北京: 高等教育出版社.

亢新刚, 2011. 森林经理学[M]. 4 版. 北京: 中国林业出版社.

汤孟平, 陈永刚, 徐文兵, 等, 2013. 森林空间结构分析[M]. 北京: 科学出版社.

叶鹏, 汤孟平, 2021. 基于 GIS 的常绿阔叶林郁闭度与树冠重叠度分析[J]. 林业资源管理(5): 70-79.

CLARK P J, EVANS F C, 1954. Distance to nearest neighbor as a measure of spatial relationships in population[J]. Ecology, 35(4): 445-453.

ERFANIFARD Y, SABOROWSKI J, WIEGAND K, et, al., 2016. Efficiency of sample-based indices for spatial pattern recognition of wild pistachio (*Pistacia atlantica*) trees in semi-arid woodlands[J]. Journal of Forest Research, 27(3): 583-594.

MOEUR M, 1993. Characterizing spatial patterns of trees using stem-mapped data[J]. Forest Science, 39(4): 756-775.

附录 实验报告格式要求

（一）实验报告封面和目录

_____大学

《地理信息系统》实验报告

学　　号：_____

姓　　名：_____

专业班级：_____

所在学院：_____

开课学院：_____

指导教师：_____职称：_____

年　　月　　日

目　录

（备注：目录要标注页码。在正式文本中，请删除此备注行）

（二）格式要求

①要求用计算机 A4 纸排版，行距 1.25 倍。

②目录标题使用小 2 号黑体；目录内容中章的标题使用 4 号宋体；目录中其他内容 5 号宋体。

③各章题序及标题使用小 2 号黑体；各节的一级、二级、三级题序及标题分别用小 3 号黑体、4 号黑体和小 4 号黑体。

④正文使用 5 号宋体。

⑤论文页码要求页面底端居中。

⑥图采用"图 1-2　名称"格式。

⑦表采用"表 2-3　名称"格式。